Les épreuves corrigées des grandes écoles scientifiques

problèmes corrigés de CHIMIE

(options M, P', TA)

posés au concours de Centrale / Sup'Elec

solutions proposées par

Laure du TILLET
Ancienne élève de l'École Normale Supérieure

Philippe MESINI
Élève de l'École Normale Supérieure
Agrégé de l'Université

ellipses

Problèmes corrigés de Physique et Chimie
(options M', P')
posés au concours de Polytechnique

Stéphane Guilloteau,
Marc Himbert

22 problèmes posés entre 1974 et 1981.

Dessin de couverture :
Gérard MATHIEU

EDITION MARKETING
EDITEUR DES PREPARATIONS
GRANDES ECOLES MEDECINE

32, rue Bargue 75015 PARIS

ISBN 2-7298-8750-4

AVERTISSEMENT

Ce recueil regroupe les énoncés originaux et les solutions de quatorze épreuves de Chimie posées, ces dernières années (1982 à 1987), aux écrits du concours commun de Centrale/Sup'Élec option M, P' et TA. Il s'adresse donc tout d'abord aux élèves des classes Mathématiques Supérieures et Spéciales M, M' , P, P' et TA. Néanmoins, nous pensons que les élèves des classes Mathématiques Supérieures et Spéciales Biologie trouveront ici de nombreux problèmes intéressants, les programmes de Chimie des classes préparatoires Supérieures et Spéciales P' et Supérieures Biologie, Spéciales Biologie n'étant pas très différents.

Ces différents problèmes couvrent la totalité du programme et leur choix est bien représentatif de l'importance de chacune des parties du programme. Il est à noter l'importance de la chimie organique à l'écrit, si souvent délaissée par les élèves.

L'utilité du présent ouvrage dépend naturellement de l'usage qu'en feront les élèves. Il s'agit d'un approfondissement du cours par la recherche des solutions de problèmes représentatifs de ceux qui peuvent leur être posés. Ce livre doit donc être utilisé *après* l'apprentissage du cours.

Nous leur souhaitons bon courage.

L. T., P. M.

TABLE DES MATIERES

Centrale/Sup'Élec 87
Option M

I Chimie organique
II Thermodynamique. Étude des équilibres
$CaCO_{3\,s} \rightarrow CaO_s + CO_2$ et $2\,CO \rightarrow C + CO_2$ — Durée : 3H
III Ph-métrie (hydroxylamine)
IV Chimie des solutions

Le sujet comporte quatre parties indépendantes.

I. CHIMIE ORGANIQUE

Pour chacune des trois réactions suivantes il est demandé :
- de compléter l'équation bilan en écrivant la (ou les) formules développées planes manquantes des produits (ou des réactifs).
- de proposer un mécanisme pour la réaction.
- de préciser l'éventuelle existence d'énantiomères ou de diastéréoisomères des produits en indiquant s'ils sont obtenus conjointement ou par une voie différente que l'on précisera. Pour chacune des réactions représenter avec clarté un, et un seulement, des énantiomères en précisant les caractères Rectus ou Sinister.

a) méthyl - 3 pentène - 2,Z + Br_2 $\longrightarrow$

b) propanal + HCN $\xrightarrow{CN^-}$

c) 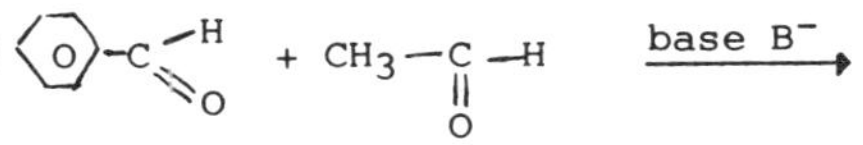

II. THERMODYNAMIQUE

Soient deux récipients A et B, de même volume V, indilatables, maintenus à la même température T, séparés par une paroi escamotable. Dans A on introduit du carbonate de calcium en quantité suffisante pour que l'équilibre (a), de constante K_a, s'établisse :

$CaCO_3$ (solide) $\rightleftarrows$ CaO (solide) + CO_2 (a)

Dans B du monoxyde de carbone a été introduit et l'équilibre (b), de constante K_b, s'est établi :

2 CO $\rightleftarrows$ C + CO_2 (b)

1) Calculer la variance dans chacune des deux enceintes.

2) La paroi est escamotée. On admettra que les conditions expérimentales T, V... ont été choisies de telle sorte que les équilibres précédents coexistent.

a) Calculer la nouvelle variance. Quelle conséquence tirez-vous de la valeur trouvée ?

b) En envisageant successivement les quatre modifications suivantes :

- ajout de carbone,
- injection de CO_2,
- injection de CO ,
- injection de N_2 ,

décrire l'évolution du système chimique et indiquer vers quel état d'équilibre le système tend. Il est, entre autre, souhaitable de donner les expressions des différentes pressions partielles.

III. pH METRIE

L'hydroxylamine est la forme basique du couple $NH_3OH^{\oplus}$ / NH_2OH de $pK_A = 8$.

Disposant de 100 cm^3 de solution tampon réalisée à l'aide de ce couple, un expérimentateur désire déterminer les nombres a de moles de NH_3OHCl et b de moles de NH_2OH introduites dans les 100 cm^3 d'eau. Il va pour cela réaliser successivement deux manipulations. Dans un premier temps il verse, tout en suivant le pH, x moles de soude dans 50 cm^3 de la solution (les variations de volume seront négligées). Les résultats suivants sont obtenus :

x	0	5.10^{-3}	10^{-2}	3.10^{-2}	4.10^{-2}	$4,5.10^{-2}$	5.10^{-2}	$5,5.10^{-2}$	6.10^{-2}	7.10^{-2}	9.10^{-2}
pH	7,9	8,0	8,1	8,5	8,7	8,9	9,3	11,1	11,7	12,2	12,4

Dans un second temps, il verse y moles d'acide chlorhydrique dans 50 cm^3 de la solution tampon (les variations de volume seront négligées). Le tableau suivant a été dressé :

y	0	5.10^{-3}	10^{-2}	3.10^{-2}	4.10^{-2}	$4,5.10^{-2}$	5.10^{-2}	$5,5.10^{-2}$	6.10^{-2}	7.10^{-2}
pH	7,9	7,8	7,7	7,2	6,7	3,8	2,3	2,0	1,8	1,6

1) Quelles propriétés présentent une solution tampon acido-basique ?

2) En portant les pH en ordonnée, x en abscisse dans le sens positif, y en abscisse dans le sens négatif, tracer sur le même graphe pH = f(x) et pH = g(y).

3) Ecrire l'équation chimique rendant compte de la première expérience. Quelle constante d'équilibre peut-on lui associer ? Qu'en déduisez-vous ? Calculer a.

4) Ecrire l'équation chimique rendant compte de la deuxième expérience. Quelle constante d'équilibre peut-on lui associer ? Qu'en déduisez-vous ? Calculer b.

5) A l'aide des résultats précédents et en faisant les approximations usuelles, établir les expressions permettant le tracé théorique de pH = f(x). Calculer, pour ce dosage, le pH à l'équivalence ainsi que le pH à la demi-équivalence.

IV. CHIMIE DES SOLUTIONS

Le but de cette partie est, à l'aide d'un certain nombre de données parmi celles fournies ci-dessous, d'identifier le contenu des quatre flacons A, B, C, D. Les quatre récipients contiennent des solutions aqueuses d'ammoniac, d'acide nitrique, d'ions ferreux, d'ions ferriques. A l'aide de tests simples on a rempli le tableau suivant ; les résultats significatifs des tests se lisent à l'intersection ligne colonne, les éventuelles élévations de température n'ont pas été notées.

	A	B	C	D
A		précipité vert		précipité rouille
B	précipité vert		changement de couleur - dégagement de gaz	
C		changement de couleur - dégagement de gaz		
D	précipité rouille			

Associer A, B, C, D aux solutions en justifiant les phénomènes observés.

Ecrire les équations chimiques les traduisant.

Calculer les constantes d'équilibre associées.

<u>Données</u> :

$E^\circ(Fe^{3+}/Fe^{2+}) = 0,77$ V — $E^\circ(Fe^{2+}/Fe) = -0,44$ V

$E^\circ(NH_3/N_2) = 0,09$ V — $E^\circ(NO_3^-/NO_2) = 0,78$ V

$E^\circ(NO_3^-/NO) = 0,96$ V — $pK_A(NH_4^+/NH_3) = 9,3$

$pK_s(Fe(OH)_2) = 15$ — $pK_s(Fe(OH)_3) = 37$

I - CHIMIE ORGANIQUE

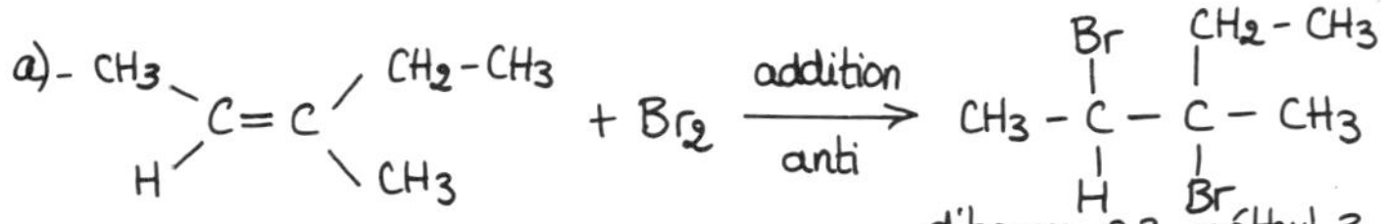

dibromo 2,3 méthyl 3 pentane

mécanisme :

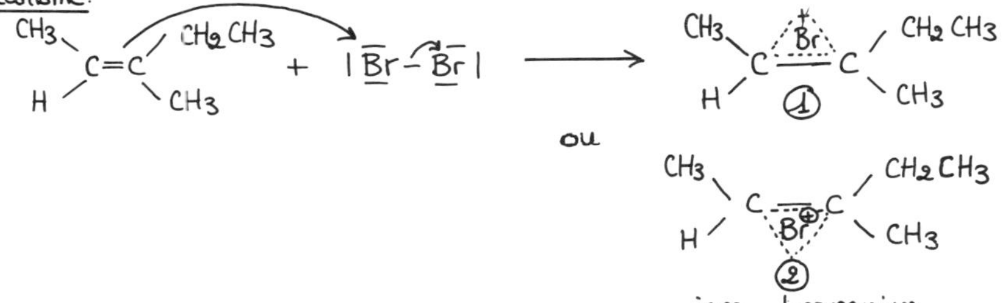

ions bromonium

L'attaque de l'ion bromure Br^- se fait en trans, à cause de la gène stérique du "pont" de l'ion bromonium.

Prenons l'exemple avec ① :

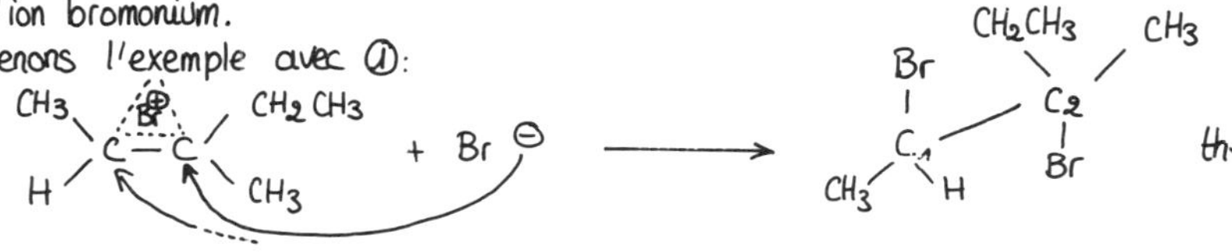

thréo SS

si on attaque de l'autre côté, on obtient le thréo R.R.
Avec ②, on obtient aussi les deux énantiomères thréo SS et thréo RR.

Rappelons :

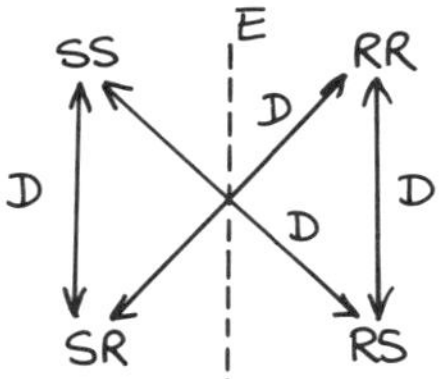

E : énantiomérie

D : diastéréoisomérie

Comment obtenir SR ou RS ? (ils ne sont pas obtenus par la réaction précédente).

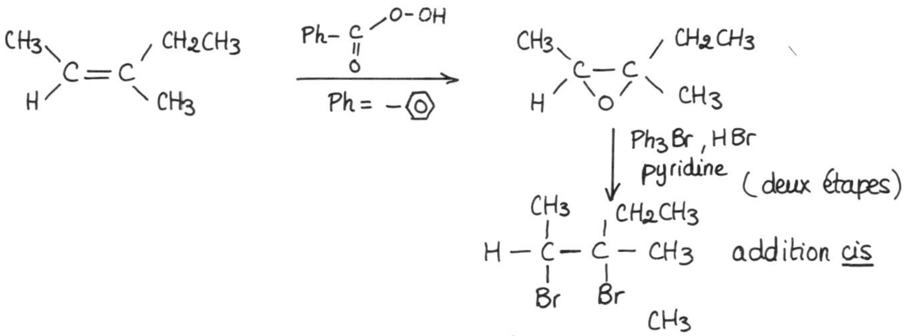

addition cis

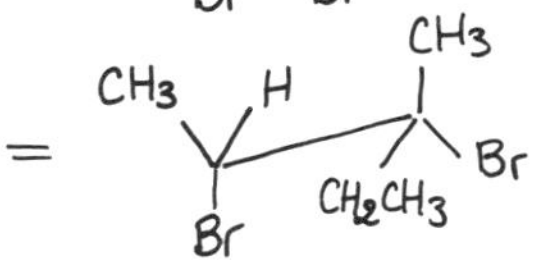

érythro RS

On obtient aussi son énantiomère SR.

b)- 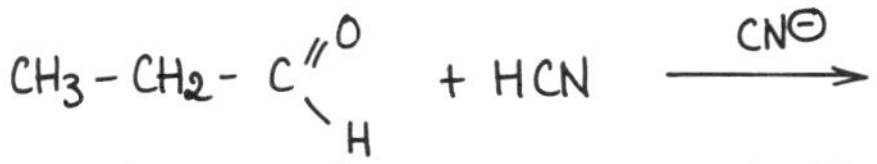

C'est une addition nucléophile sur la double liaison >C=O en catalyse acide :

Et = $-CH_2CH_3$

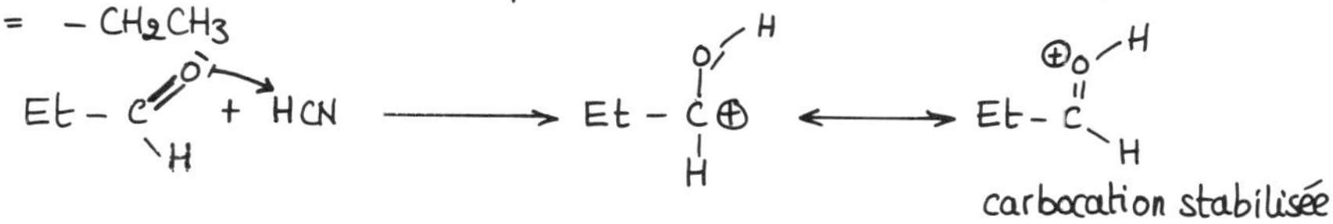

carbocation stabilisée par résonnance

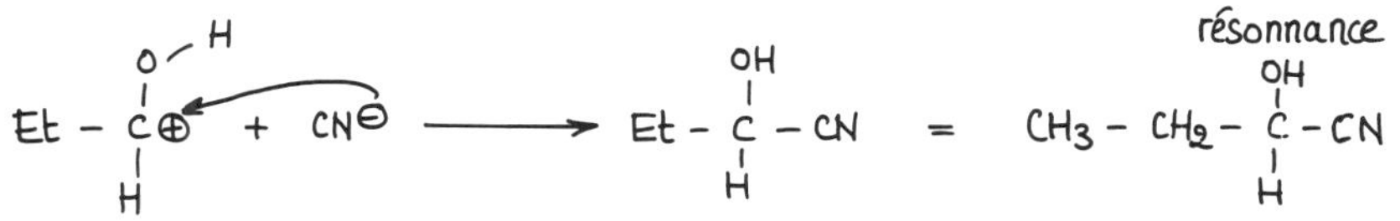

La réaction n'est pas stéréosélective et donc on a un mélange des deux isomères.

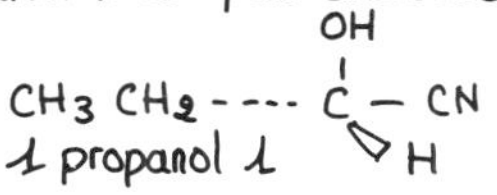

isomère S

cyano 1 propanol 1

c)- 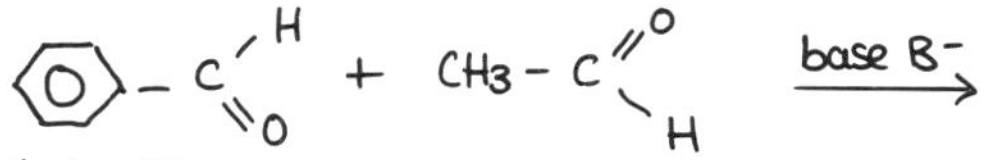

non énolisable

1)- 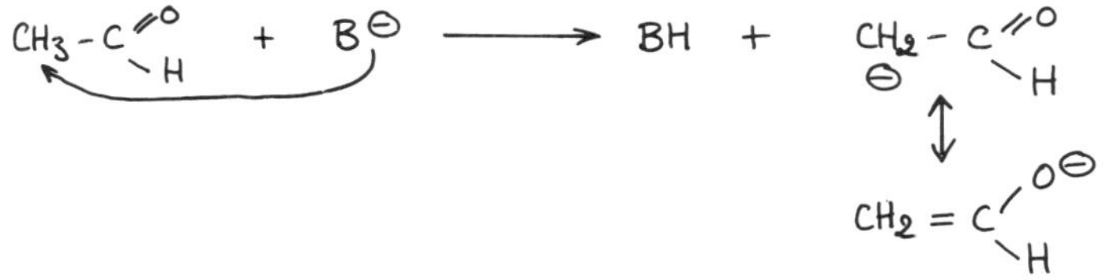

énol

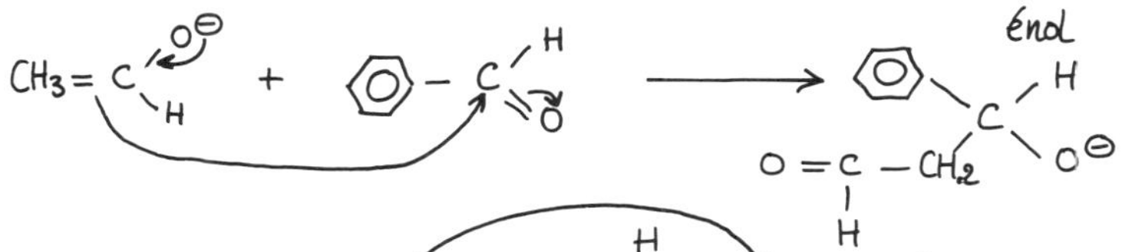

On obtient alors 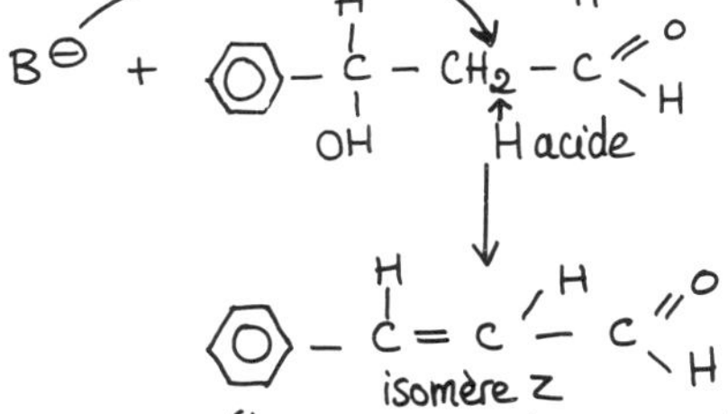

isomère Z

mélange des deux isomères

II THERMODYNAMIQUE

A $\quad CaCO_3 \rightleftharpoons CaO + CO_{2\,g} \quad K_a$

B $\quad 2CO \rightleftharpoons C + CO_2 \quad K_b$

1)- T fixée : il faut donc retirer -1 à la variance calculée classiquement.

Dans l'enceinte A :

$$v = n - r + 2 - \varphi$$

avec $n = 3$, $\varphi = 3$, $r = 1$

donc $v = 3 - 1 + 2 - 3 = 1$

comme T est fixée, $\underline{v = 0}$

Dans l'enceinte B :

$$v = 3 - 1 + 2 - 1 = 3$$

comme T est fixée, $\underline{v = 2}$

2)- a)- $v = 5 - 2 + 2 - 3 = 2$

Comme T est fixée, $v = 1$.

Il suffit de fixer la valeur d'un paramètre intensif du système pour que tout le système soit déterminé.

b)- $CaCO_{3s} \underset{}{\overset{K_I}{\rightleftharpoons}} CaO_s + CO_2$ A, $P_{A\,CO_2}$

– $2\,CO_i \overset{K_{II}}{\rightleftharpoons} C + CO_2$ B

$P_{B\,CO}$ 0   0

$P_{B\,CO}$ $P_{B\,CO_2}$

$\Rightarrow$ on ouvre

Les deux réactions sont dépendantes de la pression (car il y a variation du nombre de moles gazeuses au cours de la réaction).

Donc lorsque l'on ouvre la paroi, les équilibres vont pouvoir se déplacer.

$$K_I = P_{CO_2} = \frac{n_{CO_2}}{n_{tot}} P_{tot} \qquad n_{tot} : \text{nombre total de moles gazeuses}$$

$$K_{II} = \frac{P_{CO_2}}{P_{CO}^2} = \frac{n_{CO_2}}{n_{CO}^2} \times \frac{n_{tot}}{P_{tot}}$$

– <u>ajout de C</u> :

K_I inchangé, K_{II} inchangé } donc le système n'évolue pas

Il y a augmentation du nombre de moles de carbone dans l'enceinte et les autres corps restent en quantité égale à la première expérience (2.a).

– <u>ajout de CO_2</u> :

$CaCO_3 \rightleftharpoons CaO + CO_2$ I

$x - n$ n n (à l'équilibre, en nombre de moles)

$2\,CO \rightleftharpoons C + CO_2$ II

$y - 2n$ n n

P_{CO_2} = constante donc P_{CO} = constante.

Il y a consommation du CO_2 selon la réaction I et donc formation de $CaCO_3$ et disparition de CaO, pour que le nombre de moles de CO_2 reste constant, égal à ce qu'il était en 2a).

– <u>ajout de CO</u> :

P_{CO_2} = constante donc P_{CO} = constante.

Il y a formation de carbone et de $CaCO_3$, et disparition de CaO.

– <u>ajout de N_2</u> : pas d'influence.

III. pH METRIE

$N^{\oplus}H_3OH / NH_2OH$ pKa = 8

100 cm³ du tampon
{ a moles NH_3OHCl
{ b moles NH_2OH
100 cm³ eau

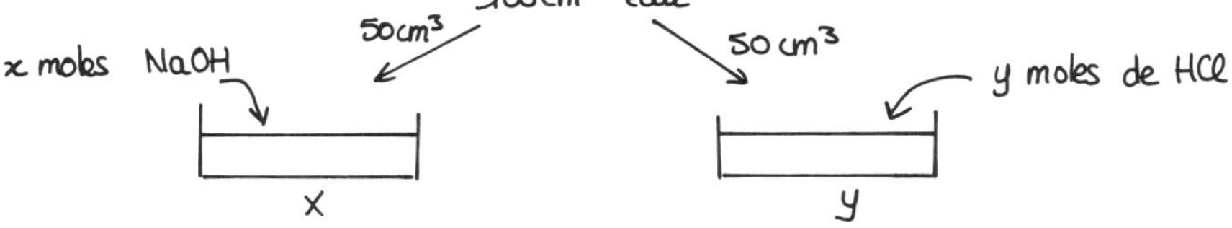

1)- Une solution tampon est une solution dont le pH ne varie pas par dilution ou par addition d'acides ou de bases.

2)- Voir courbes page suivante

3)- $N^{\oplus}H_3OH + OH^- \overset{K_1}{\rightleftharpoons} H_2O + NH_2OH$

$K_1 = \dfrac{[NH_2OH]}{[N^{\oplus}H_3OH][OH^-]} = \dfrac{Ka}{Ke} = \dfrac{10^{-8}}{10^{-14}} = 10^6$ la réaction est totale (heureusement : c'est un dosage !)

A l'équivalence : n_{OH^-} versés $= n_{N^{\oplus}H_3OH}$ dans la solution initiale X

$x\,éq = \dfrac{a}{2}$ d'où $a = 2x\,éq$ $\boxed{a = 10{,}8 \cdot 10^{-2} \text{ moles}}$

Courbes du 2)

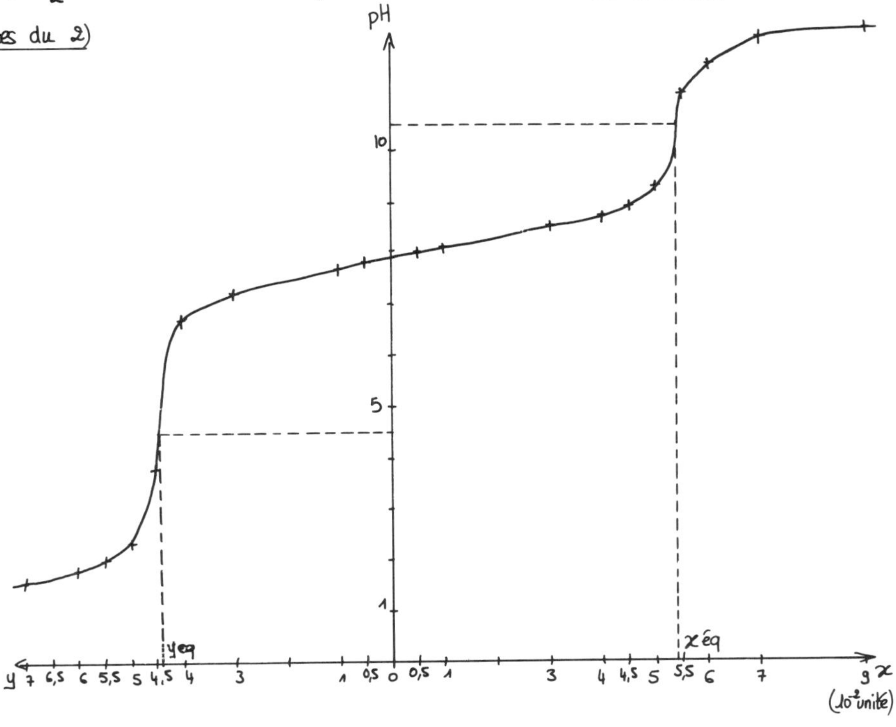

4).
$$H_2O + HCl \rightleftharpoons H_3O^+ + Cl^-$$
$$NH_2OH + H_3O^+ \underset{}{\overset{K_2}{\rightleftharpoons}} \overset{\oplus}{N}H_3OH + H_2O$$

$$K_2 = \frac{[\overset{\oplus}{N}H_3OH]}{[NH_2OH][H_3O^+]} = \frac{10}{Ka} \quad \text{d'où} \quad \boxed{K_2 = 10^8}$$

A l'équivalence : $n_{H_3O^+}$ versés $= n_{NH_2OH}$ dans X au départ

$y\,éq = \frac{b}{2}$ d'où $b = 2\,y\,éq$ $\boxed{b = 8{,}8 \cdot 10^{-2}\text{ moles}}$

5). Pour $x = 0$ on a une solution de $\overset{\oplus}{N}H_3OH$ et de NH_2OH.

$$\underset{\frac{a}{2}}{\overset{\oplus}{N}H_3OH} + \underset{\frac{b}{2}}{NH_2OH} \rightleftharpoons \overset{\oplus}{N}H_3OH + NH_2OH \quad (1)$$

$K = 1$

$$Ka = \frac{\frac{b}{2}[H_3O^+]}{\frac{a}{2}} \quad \text{d'où} \quad [H_3O^+] = \frac{Ka \times a}{b}$$

$\boxed{pH = pKa + \log \frac{b}{a}}$ on obtient pH = 7,91

- Pour $0 < x < x\,éq$: la réaction prépondérante et totale ($K_1 = 10^6$) est :

$$\overset{\oplus}{N}H_3OH + OH^- \overset{K_1}{\rightleftharpoons} NH_2OH + H_2O$$

$\frac{a}{2}$	x	$\frac{b}{2}$	
$\frac{a}{2} - x$	0	$\frac{b}{2} + x$	

La réaction secondaire, quand tout le OH^- est consommé, est la réaction (1) qui ne change pas la concentration des espèces en présence.

$$Ka = \frac{[H_3O^+][NH_2OH]}{[\overset{\oplus}{N}H_3OH]} \quad \text{d'où} \quad pH = pKa + \log \frac{[NH_2OH]}{[\overset{\oplus}{N}H_3OH]}$$

$$\boxed{pH = pKa + \log \frac{b+2x}{a-2x}}$$

- A la demi-équivalence : $x = \frac{x\,éq}{2} = \frac{a}{4}$

$pH = pKa + \log \dfrac{b + \frac{a}{2}}{a - \frac{a}{2}}$ c'est-à-dire $pH = pKa + \log \dfrac{2b + a}{a}$ pH = 8,42

- $x = x\,éq$

$$\overset{\oplus}{N}H_3OH + OH^- \overset{K_1 = 10^6}{\rightleftharpoons} NH_2OH + H_2O$$

$\frac{a}{2}$	x	$\frac{b}{2}$	
ε	0	$\frac{b+a}{2}$	

La deuxième réaction devient la réaction inverse qui est très limitée.
(on a $\varepsilon = [\overset{\oplus}{N}H_3OH]$)

On a alors $K_1 = \dfrac{\frac{1}{2}(b+a)\,x}{\varepsilon^2}$ d'où $\varepsilon = \left(\dfrac{\frac{b+a}{2}\,x}{10^6}\right)^{1/2}$

$[OH^-][H_3O^+] = Ke$. d'où $[H_3O^+] = \left(\dfrac{10^6}{\frac{b+a}{2}\,x}\right)^{1/2} Ke$

donc $pH = pKe + \frac{1}{2}\left(-6 + \log \frac{x}{2}(b+a)\right)$

avec $x = \frac{a}{2}$ $pH = 11 + \frac{1}{2}\log \frac{a}{4}(b+a)$ pH = 9,86

- <u>après l'équivalence :</u> $x > x_{éq}$

$$OH^- + 2H_2O \overset{K}{\rightleftharpoons} H_3O^+ + H_2O$$

devient la réaction prépondérante car il n'y a plus de $N\overset{\oplus}{H_3}OH$ dans la solution (il reste ε).

$$K = \frac{[H_3O^+]}{[OH^-]} = \frac{[H_3O^+]^2}{K_e} > 1$$

$$n_{H_3O^+ \text{ formé}} = x - x_{éq} = x - \frac{a}{2}$$

$$\boxed{pH = -\log\left(\frac{x - \frac{a}{2}}{V}\right)}$$

IV. CHIMIE DES SOLUTIONS

A + B : précipité vert de $Fe(OH)_2 \downarrow$
A + C : rien
A + D : précipité rouille de $Fe(OH)_3 \downarrow$
B + C : dégagement gazeux - changement de couleur.
B ou C contient des ions Fe II ou Fe III.
B + D : rien
C + D : rien

<u>Hypothèse</u> :
A = solution de NH_3
B = solution de Fe II
C = solution de HNO_3 ($NO_3^- + H_3O^+$)
D = solution de Fe III

On vérifie (approximativement) avec l'échelle des potentiels :

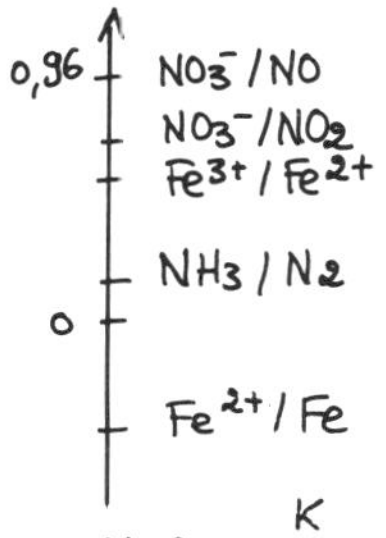

- <u>A + B</u> :

$$NH_3 + H_2O \overset{K}{\rightleftharpoons} OH^- + NH_4^+ \qquad K = \frac{[OH^-][NH_4^+]}{[NH_3]} = \frac{K_e}{K_a}$$

$$Fe^{2+} + OH^- \overset{K = \frac{1}{K_{S_2}}}{\rightleftharpoons} Fe(OH)_2 \downarrow$$

A+B $$NH_3 + Fe^{2+} + H_2O \overset{K}{\rightleftharpoons} Fe(OH)_2 \downarrow + NH_4^+$$

précipité vert

$$K = \frac{K_e}{K_a} \times \frac{1}{K_S(Fe(OH)_2)} = \frac{10^{-14}}{10^{-9,3}} \times \frac{1}{10^{-15}}$$

$\boxed{K = 2 . 10^{10}}$ La réaction est thermiquement quantitative.

• A+C : $NH_3 + (NO_3^-) + H_3O^+ \xrightarrow{K} NH_4^+ + (NO_3^-) + H_2O$

$K = \frac{1}{Ka} = 10^{9,3}$ donc $\boxed{K = 2.10^9}$

• A+D : (même raisonnement que pour A+B)

$NH_3 + Fe^{3+} + H_2O \rightleftharpoons Fe(OH)_3 + NH_4^+$

$K = \frac{Ke}{Ka} \times \frac{1}{Ks[Fe(OH)_2]}$ $\boxed{K = 2.10^{32}}$

• B+C :

$3e^- + NO_3^- + 4H^+ \rightleftharpoons NO\uparrow + 2H_2O$ $\quad \Delta G_1^\circ = -3\mathcal{F}E_1^\circ$

$Fe^{3+} \rightleftharpoons Fe^{3+} + e^-$ (x3) $\quad \Delta G_2^\circ = \mathcal{F}E_2^\circ$

$3Fe^{2+} + NO_3^- + 4H^+ \rightleftharpoons 3Fe^{3+} + NO\uparrow + 2H_2O$

$K = e^{-\frac{\Delta G^\circ}{RT}}$ avec $\Delta G^\circ = -3\mathcal{F}E_1^\circ + 3\mathcal{F}E_2^\circ$ d'où $K = e^{+\frac{3\mathcal{F}}{RT}(E_1^\circ - E_2^\circ)}$ $\quad E_1^\circ = 0,96V$

à $T = 298K$ $\boxed{K = 4,31.10^9}$ $\quad E_2^\circ = 0,77V$

• B+D : $Fe^{2+} + Fe^{3+} \rightleftharpoons Fe^{2+} + Fe^{3+}$ $\boxed{K = 1}$

• C+D : $Fe^{3+} + NO_3^- \rightleftharpoons$ idem

pas de réaction : $\boxed{K = 1}$

Centrale/Sup'Élec 87 — **Option P'**

I Description de structure impliquant les métaux alcalins et alcalino-terreux
II Mesmocinétiques et interprétation du mécanisme de réaction d'aminolyse d'aminophosphines
III Synthèse de l'éthoheptazine (ch. organique)

Durée : 3H

L'épreuve se compose de trois parties indépendantes

I. DESCRIPTION DE STRUCTURES IMPLIQUANT LES METAUX ALCALINS ET ALCALINO-TERREUX :

Les rayons ioniques des métaux alcalins et alcalino-terreux ainsi que du bore et de l'aluminium sont donnés ci-après (exprimés en picomètre) dans le tableau I :

Li^{+} : 60	Be^{2+} : 31	B^{3+} : 20
Na^{+} : 95	Mg^{2+} : 65	Al^{3+} : 50
K^{+} : 133	Ca^{2+} : 99	
Rb^{+} : 148	Sr^{2+} : 113	
Cs^{+} : 169	Ba^{2+} : 135	

Tableau I

1°) Evolution des rayons ioniques :

a) Comment expliquez-vous l'augmentation de dimension observée de haut en bas dans les colonnes du tableau I ?

b) Comment expliquez-vous la diminution de dimension observée de gauche à droite dans les lignes du tableau I ?

c) Lequel des ions précédents se forme le plus facilement et lequel le moins facilement ? Justifier votre réponse.

2°) Structures d'oxydes et de chlorures :

La connaissance des rayons ioniques peut permettre de prévoir la structure de certains cristaux ioniques.

a) Les structures ioniques tendent à devenir instables quand les ions de charges opposées cessent d'être en contact. Si un cation de rayon $R_{\oplus}$ est entouré par un certain arrangement d'anions de rayon $R_{\ominus}$, montrer qu'il existe une valeur minimale (limite) du $\frac{R_{\oplus}}{R_{\ominus}}$ donné par l'expression suivante : $\frac{R_{\oplus}}{R_{\ominus}} = \frac{1}{\cos\theta} - 1$

où θ est l'angle compris entre la droite joignant les centres de 2 anions entourant le cation, d'une part, et la droite joignant les centres du cation et d'un anion, d'autre part.

b) Connaissant les structures critallographiques ioniques du chlorure de sodium et du chlorure de césium (que l'on rappellera brièvement), en déduire la valeur limite minimale du rapport $\frac{R_{\oplus}}{R_{\ominus}}$ dans chaque structure.

c) On donne les rayons ioniques des anions suivants :

ion oxyde : 140 pm
ion chlorure : 181 pm

- Vérifier que ces données ainsi que celle du tableau I vous permettent de retrouver les structures de NaCl et CsCl.

- En déduire les types de structures que l'on peut prévoir pour les oxydes de magnésium et de calcium.

- Pourquoi, à votre avis, ce modèle géométrique simple ne permet-il pas de prévoir la structure de $AlCl_3$ par exemple ?

II. MESURES CINETIQUES ET INTERPRETATION DU MECANISME DE REACTION D'AMINOLYSE D'AMINOPHOSPHINES.

1°) Etude expérimentale :

a) L'étude cinétique de la réaction de transamination du N, N diméthyl amino-2 dioxaphospholane -1,3,2 (noté **P**) par la pipéridine (notée : R_2NH) selon le schéma réactionnel suivant :

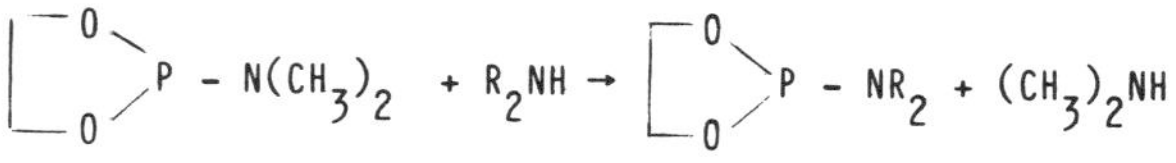

P

conduit aux résultats suivants regroupés dans le tableau II :

t(h)	0,35	1	1,8	2,7	4	5,7	7,3
$[(CH_3)_2NH]$ ($mol.\ell^{-1}$)	0,060	0,143	0,217	0,286	0,357	0,422	0,464

Tableau II

traduisant l'avancement de la réaction en mesurant la concentration de la diméthylamine formée (exprimée en $mol.\ell^{-1}$) en fonction du temps (exprimé en heures).

Les concentrations initiales des 2 réactifs sont toutes deux égales à 0,707 $mol.\ell^{-1}$ (à $\pm$ 2.10^{-3}) ; le solvant utilisé est le benzène et la température réactionnelle est prise à 77°C.

- Si on appelle α le coefficient de transformation de la pipéridine (rapport du nombre de moles disparues au nombre de moles initiales), montrer que la grandeur $f = \frac{1}{1-\alpha}$ est une fonction affine du temps.

- En déduire que la réaction étudiée ici est une substitution nucléophile d'ordre 2.

b) On étudie maintenant la réaction de transamination du pyrryl-2 dioxaphospholane - 1,3,2 (noté P_1) par la pipéridine (toujours notée R_2NH) ; les concentrations initiales des 2 réactifs sont égales à 1 $mol.\ell^{-1}$ (à $\pm$ 2.10^{-3}), le solvant est le benzène et la température choisie est 62°C. Le schéma réactionnel est alors le suivant :

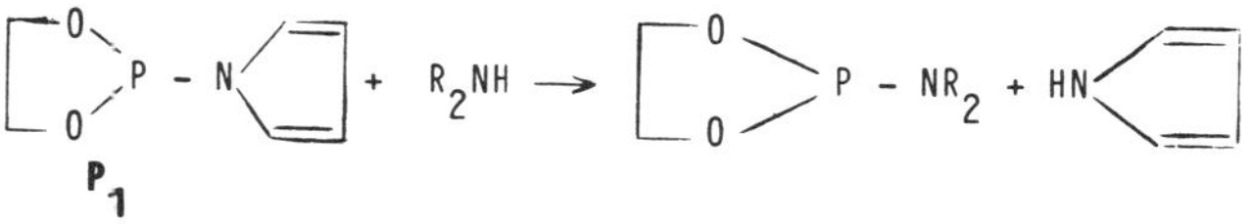

P_1

Les résultats sont regroupés dans le tableau III suivant :

t(h)	0,03	0,09	0,17	0,22	0,28	0,36	0,46
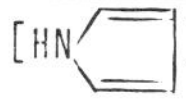 $mol.\ell^{-1}$	0,09	0,20	0,30	0,35	0,40	0,45	0,50

Tableau III

- Montrer que les données numériques ci-dessus ne permettent pas de conclure que la réaction est d'ordre 2 par rapport aux réactifs.

2°) Mécanisme réactionnel :

Pour interpréter cette "anomalie", on envisage alors l'existence d'une association entre l'amine formée (pyrrole : ) et l'amine initiale R_2NH selon la réaction suivante :

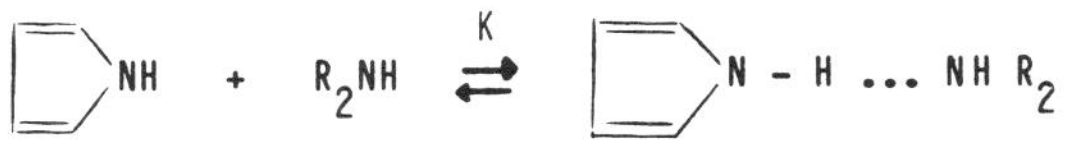

a) de quel type d'association s'agit-il ?

Comment pourrait-on la mettre en évidence expérimentalement ?

La constante d'équilibre K de la réaction d'association a été déterminée à 62°C.

b) Par suite, 2 réactions peuvent se produire résultant de l'attaque du composé phosphoré par l'amine libre selon la réaction (I) ou par l'amine associée selon la réaction (II), chacune ayant sa propre constante de vitesse (k_1, k_2) :

(I) 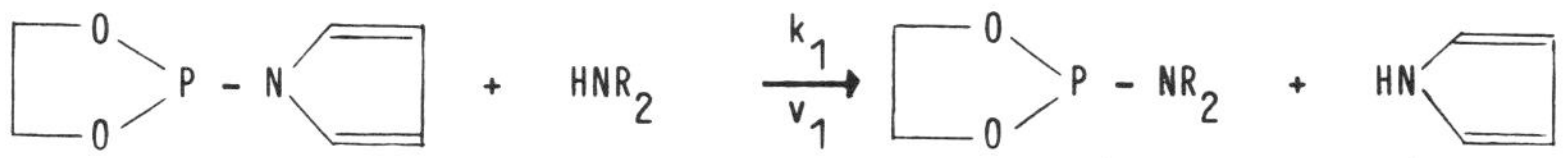

noté $\underline{P_1}$ — noté $\underline{A_1}$ — noté $\underline{P_2}$ — noté $\underline{A_2}$

avec : 

noté $\underline{C}$

et :

(II) 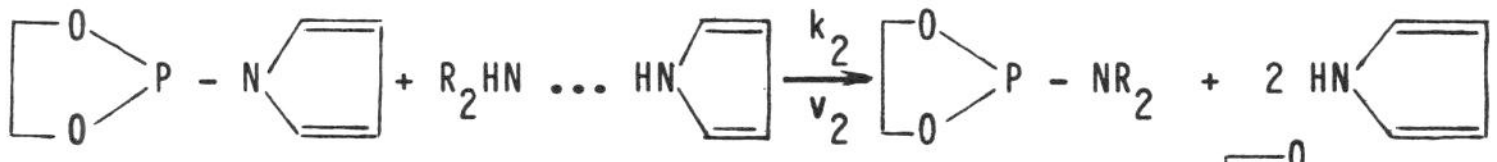

On peut alors exprimer la loi de vitesse de formation de 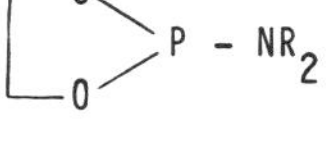 (noté $\underline{P_2}$) en fonction du temps.

On notera par x la concentration de $\underline{P_2}$ au temps t et a la concentration initiale commune de $\underline{P_1}$ et $\underline{A_1}$.

- montrer que la concentration en pyrrole $\underline{A_2}$ notée $[\underline{A_2}]$ obéit à l'équation du second degré suivante :

$$K.[\underline{A_2}]^2 + [\underline{A_2}].\ [1 + K\ (a - 2\ x)] - x = 0.$$

c) En prenant K = 1 et a = 1 (concentrations exprimées en $mol.\ell^{-1}$), montrer que la loi de vitesse peut s'exprimer sous la forme :

$$\frac{dx}{dt} = (1 - x)\ [k_1\ (\sqrt{1 - x + x^2} - x) + k_2\ (1 - \sqrt{1 - x + x^2})\ ]$$

d) Discussion du mécanisme

Le tableau (IV) suivant donne la vitesse de formation du produit $\underline{P_2}$ au cours de la réaction.

$\frac{dx}{dt}$ (en mol.ℓ^{-1} heure)	0,0286	0,022	0,016	0,0115	0,0075	0,0050
x en mol.ℓ^{-1}	0	0,1	0,2	0,3	0,4	0,5

Tableau IV

- montrer que l'équation cinétique proposée est en parfait accord avec les mesures du tableau (IV), à condition de négliger le second terme en k_2 devant le terme en k_1.
- en déduire que cela confirme d'autres études effectuées sur les réactions de transamination d'aminophosphoranes pour lesquelles le mécanisme proposé consiste en une attaque nucléophile de l'amine initiale sur l'atome de phosphore du substrat.

III. SYNTHESE DE L'ETHOHEPTAZINE

On se propose de synthétiser une molécule dont les propriétés analgésiques sont utilisées dans l'industrie des médicaments.

1°) Remarques concernant la préparation du produit de départ :

a) le toluène (ou méthylbenzène) irradié par des rayonnements U.V, sous un courant de chlore gazeux, conduit à chaud à un composé **A** (C_7H_7Cl)

- **écrire l'équation de la réaction chimique et donner la formule développée de A .**
- indiquer le mécanisme réactionnel de la transformation.

b) le composé A est chauffé au bain marie, en présence d'une solution aqueuse de cyanure de potassium, pendant 4 h. Après refroidissement et filtration d'un dérivé minéral **X** on peut isoler un composé **B** (C_8H_7N)

- écrire l'équation de la réaction chimique
- **donner les formules développées de B et de X**
- **préciser le mécanisme de la réaction : A → B**

2°) Stratégie :

a) B est d'abord chauffé dans le toluène 3 h à 40°C environ en présence d'amidure de sodium ($NaNH_2$) pour conduire à un anion $\mathbf{B_1}$ intermédiaire : $C_6H_5-\overset{}{\underset{\ominus}{CH}}-CN$, auquel on ajoute ensuite à - 20°C pendant 1 heure le dérivé $\mathbf{C_1}$ de formule : $Br-CH_2-CH_2-N(CH_3)_2$; le mélange réactionnel est ensuite agité durant 12 h à température ambiante ; on peut alors isoler un produit **D** ($C_{12}H_{16}N_2$)

- donner le nom de C_1 en nomenclature officielle.
- proposer une explication justifiant la stabilité particulière de l'anion intermédiaire B_1.

- donner la formule développée de **D** ;

préciser le mécanisme réactionnel correspondant au passage de B_1 à **D** ; justifier votre réponse.

b) **D** est traité à nouveau par l'amidure de sodium pour donner un anion D_1 analogue à celui décrit pour B_1 ; puis au mélange réactionnel est ajouté du bromo-1 chloro-3 propane ; on isole alors maintenant un produit **E** ($C_{15}H_{21}N_2Cl$)

- donner la formule développée de D_1.
- écrire l'équation de la réaction chimique correspondant au passage de D_1 à **E**.
- quel mécanisme interprète le passage de D_1 à **E** ?
- justifier la régiosélectivité d'attaque de D_1 sur le bromo-1 chloro-3 propane.

c) **E** est chauffé 16 h à 100°C (dans du nitrobenzène) pour conduire à un composé intermédiaire **F** ionisé ($C_{15}H_{21}N_2^{\oplus}$, $Cl^{\ominus}$) , puis le mélange réactionnel est chauffé à 225°C (dans du dodécanol) pendant 2 h, ce qui libère du chlorométhane et permet d'isoler **G** ($C_{14}H_{18}N_2$)

- donner les formules développées de **F** et de **G**.
- indiquer avec soin les mécanismes réactionnels interprétant les passages de **E** à **F** et de **F** à **G**.
- discuter les conditions opératoires utilisées.

3°) Fonctionalisation :

a) **G** est chauffé (3 h à 120°C) en présence d'une solution d'acide sulfurique concentré pour conduire à **H** ($C_{14}H_{19}NO_2$)

- de quelle réaction s'agit-il ?
- donner avec soin le mécanisme réactionnel de la transformation : **G** → **H**.

b) Le mélange précédent est à nouveau chauffé durant 16 h environ en présence d'un excès d'éthanol ; cela conduit à isoler l'éthoheptazine **J** cherchée.

- donner la formule développée de **J**.
- de quelle réaction s'agit-il ?
- préciser le mécanisme correspondant à cette transformation et justifier les conditions expérimentales requises.

I. Description des structures impliquant les métaux alcalins et alcalino-terreux

1°). a). Lorsqu'on passe du haut vers le bas du tableau I, le nombre de protons et le nombre d'électrons internes augmentent très sensiblement (on ajoute une couche à chaque saut). Il est donc normal que le rayon atomique croisse aussi.

b). Lorsqu'on passe de gauche à droite sur une ligne, le nombre d'électrons des cations ne change pas, par contre le nombre de protons et neutrons augmentent légèrement. Les interactions entre noyaux et électrons augmentent, et par suite, le rayon ionique diminue.

c). Ceux de la première colonne se forment plus facilement : il suffit de leur arracher un unique e^- pour qu'il atteigne la configuration du gaz rare précédent. Pour les autres, il faut arracher deux ou trois e^-, ce qui est plus "difficile".

2). a). On obtient la valeur minimale de $\frac{R\oplus}{R\ominus}$ quand les ions $\oplus$ touchent les ions $\ominus$ qui se touchent entre eux.

on a :

$$\frac{R\ominus}{R\ominus + R\oplus} = \cos\theta \quad \text{donc} \quad \frac{1}{\cos\theta} = \frac{R\ominus + R\oplus}{R\ominus}$$

On obtient donc :

$$\boxed{\frac{R\oplus}{R\ominus}_{\text{lim}} = \frac{1}{\cos\theta} - 1}$$

b).

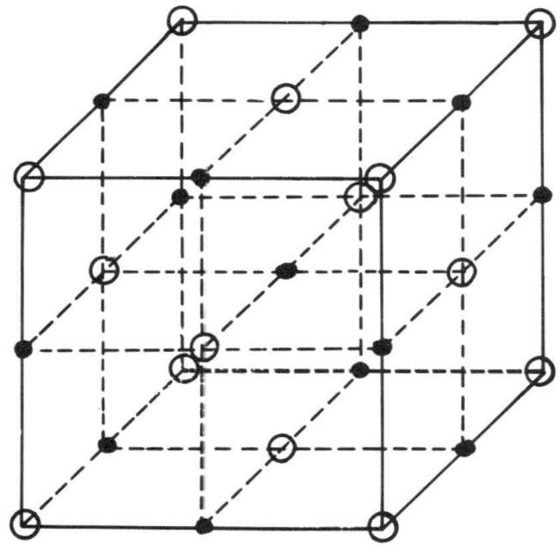

NaCl : Cubique à faces centrées

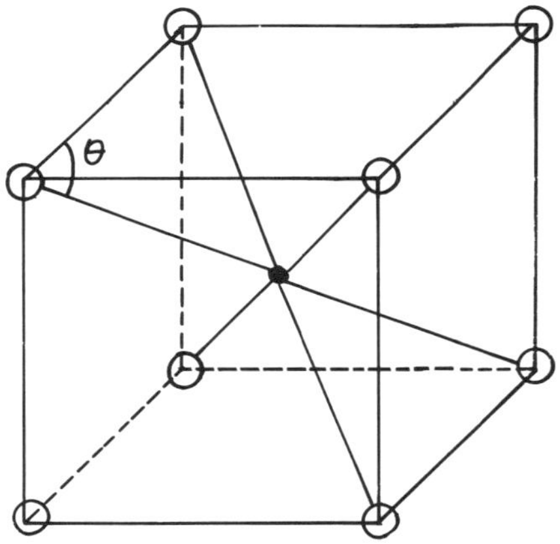

CsCl : Cubique centré

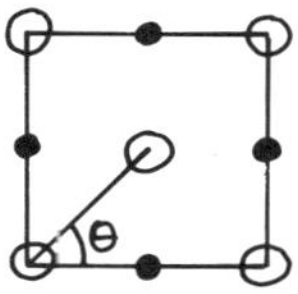

vue de haut

$\theta = 45°$

d'où

$$\boxed{\frac{R\oplus}{R\ominus}_{\text{limite}} = 0,414}$$

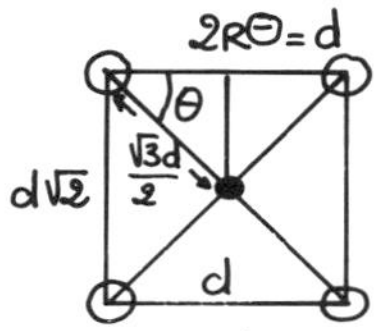

face diagonale

$$\cos\theta = \frac{\frac{d}{2}}{\frac{\sqrt{3}d}{2}} = \frac{1}{\sqrt{3}}$$

d'où

$$\boxed{\frac{R\oplus}{R\ominus}_{\text{limite}} = 0,732}$$

c). O^{2-} : 140 pm
Cl^- : 181 pm

- Na^+ : 95 pm ; Cl^- : 181 pm $\frac{R\oplus}{R\ominus} = 0,525$ $0,414 < \frac{R\oplus}{R\ominus} < 1$ donc cubique à face centrée

  Cs^+ : 169 pm ; Cl^- : 181 pm $\frac{R\oplus}{R\ominus} = 0,934$ $0,732 < \frac{R\oplus}{R\ominus}$ donc cubique centré

- Mg^{2+} : 65 pm ; O^{2-} : 140 pm $\frac{R\oplus}{R\ominus} = 0,464$ on peut prévoir <u>cubique à face centrée</u>

  Ca^{2+} : 99 pm ; O^{2-} : 140 pm $\frac{R\oplus}{R\ominus} = 0,707$ idem !

- Le modèle suppose que le cation peut être entouré uniformément par les anions. Cela est valable pour les cations volumineux avec des anions pas trop volumineux.

Al^{3+} est un petit cation, il ne peut satisfaire cette règle.

II)-

1-a)-

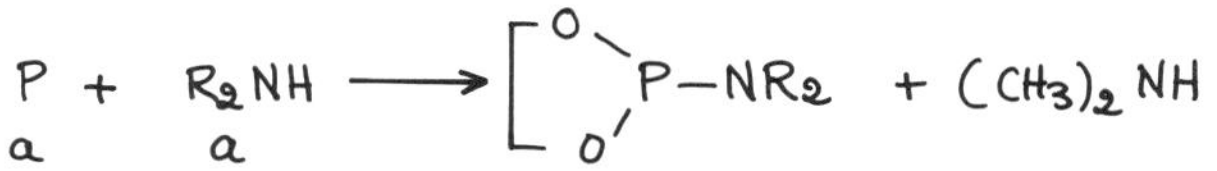

	P	R_2NH
	a	a
	a-x	a-x

$\alpha = \frac{x}{a}$ donc $\frac{1}{1-\alpha} = \frac{1}{1-\frac{x}{a}} = \frac{a}{a-x} = f$

On trace la courbe $\frac{a}{a-x} = f = g(t)$

t(h)	0,35	1	1,8	2,7	4	5,7	7,3
x	0,060	0,143	0,217	0,286	0,357	0,422	0,464
$\frac{a}{a-x}$	1,093	1,254	1,443	1,679	2,02	2,481	2,909

$a = 0,707 \text{ mol.l}^{-1}$

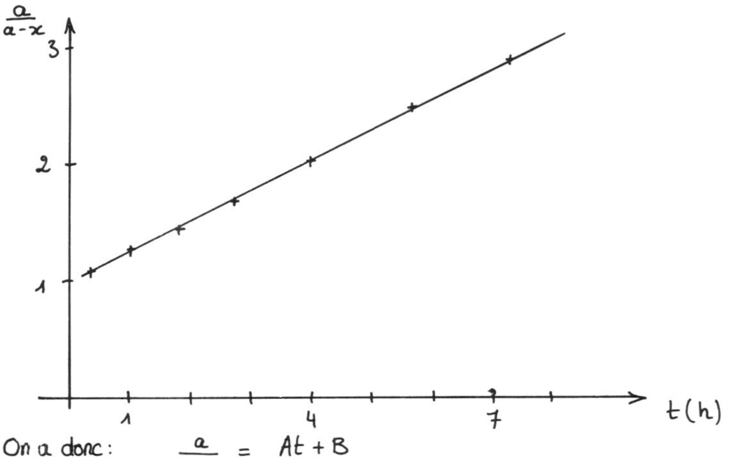

On a donc : $\frac{a}{a-x} = At + B$

Si la réaction est du deuxième ordre, on a :

$$\begin{cases} v = k\,[P][RNH_2] = k\,[P]^2 \\ v = -\dfrac{d[P]}{dt} \end{cases} \qquad \text{d'où} \qquad -\frac{d[P]}{dt} = k[P]^2$$

En intégrant cette expression, on obtient donc :

$$\frac{1}{[P]} - \frac{1}{a} = kt$$

c'est-à-dire $\dfrac{1}{a-x} - \dfrac{1}{a} = kt$ d'où $\boxed{\dfrac{a}{a-x} = akt + 1}$

Or l'expérience vérifie bien cette relation (la courbe est une droite), donc la réaction est du deuxième ordre.

b).- 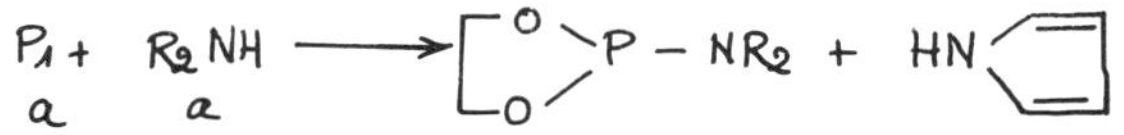

$a \quad a$

$a-x \quad a-x \qquad\qquad x$

Si la réaction est d'ordre 2, $\dfrac{a}{a-x} = g(t)$ doit être une droite.

t (h)	0,03	0,09	0,17	0,22	0,28	0,36	0,46
x	0,09	0,20	0,30	0,35	0,40	0,45	0,50
$\dfrac{a}{a-x}$	1,099	1,25	1,429	1,538	1,667	1,818	2

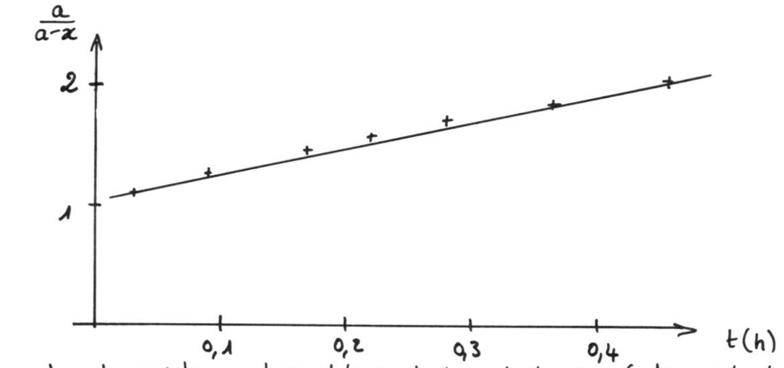

trop de points sont en dehors de la droite : la réaction n'est pas d'ordre 2.

2°).- 

a) Il s'agit d'associations liaison hydrogène. On peut les mettre en évidence par spectroscopie.

b).-

$$P_1 + A_1 \xrightarrow{k_1,\, v_1} P_2 + A_2$$
$$A_1 + A_2 \underset{}{\overset{K}{\rightleftharpoons}} C$$
$$P_1 + C \xrightarrow[v_2]{k_2} P_2 + 2A_2$$

on a : $a = [P_1]_{ini} = [A_1]_{ini}$

On écrit la conservation de la matière :

$$\begin{cases} a = [P_1] + [P_2] \\ a = [P_1] + [A_2] + [C] \\ a = [P_2] + [A_1] + [C] \end{cases} \qquad \text{d'où} \qquad \begin{cases} [P_1] = a - x \\ a = (a-x) + [A_2] + [C] \\ a = x + [A_1] + [C] \end{cases}$$

$[P_2] = x$

On a donc : $\begin{cases} [A_2] + [C] = x \\ [A_1] + [C] = a - x \end{cases}$ et $K = \dfrac{[C]}{[A_1][A_2]}$

On cherche à exprimer $[A_2]$ en fonction de a, x et K. les trois équations vont le permettre.

$$\left.\begin{array}{l} [A_2] - [A_1] = 2x - a \\ \text{or} \quad [A_1] = \dfrac{[C]}{K[A_2]} \end{array}\right\} \text{ d'où } \quad [A_2] - \frac{[C]}{K[A_2]} = 2x - a$$

or $[A_2] + [C] = x$ donc $[C] = -[A_2] + x$

donc $$[A_2] - \frac{x - [A_2]}{K[A_2]} = 2x - a$$

d'où $$K[A_2]^2 - K[A_2](2x - a) - (x - [A_2]) = 0$$

On obtient donc: $$\boxed{K[A_2]^2 + [A_2](1 + K(a - 2x)) - x = 0}$$

c) $K = 1$ et $a = 1$ donc
$$[A_2]^2 + [A_2](2 - 2x) - x = 0$$

or $$\frac{dx}{dt} = k_1[P_1][A_1] + k_2[P_1][C]$$

et $[P_1] = 1 - x$

Il faut calculer $[A_2]$: le discriminant réduit de l'équation du second degré en $[A_2]$ est :
$$\Delta' = (1-x)^2 + x$$
d'où $$[A_2] = -(1-x) + [(1-x)^2 + x]^{1/2}$$
$$[A_2] = x - 1 + (1 - x + x^2)^{1/2}$$

et $$[C] = x - [A_2] = 1 - (1 - x + x^2)^{1/2}$$
$$[A_1] = 1 - x - [C] = (1 - x + x^2)^{1/2} - x$$

$$\frac{dx}{dt} = [P_1](k_1[A_1] + k_2[C])$$

d'où $$\boxed{\frac{dx}{dt} = (1-x)\left[k_1\left[(1-x+x^2)^{1/2} - x\right] + k_2\left[1 - (1-x+x^2)^{1/2}\right]\right]}$$

d).

$\frac{dx}{dt}$	0,0286	0,022	0,016	0,0115	0,0075	0,0050
x	0	0,1	0,2	0,3	0,4	0,5

k_1 correspond à la constante k de l'équation du II 1°).

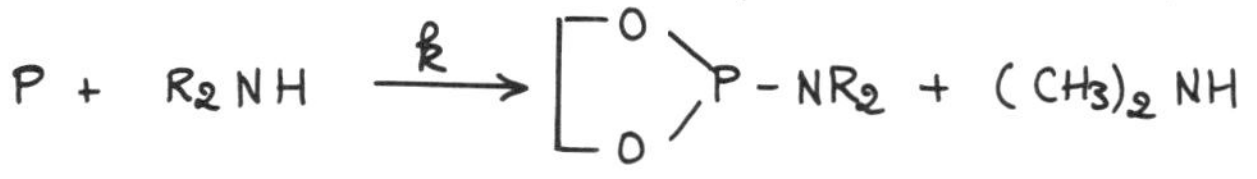

Calculons k_1 :
la pente de la droite A vaut : $A = ak = ak_1$ avec $a = 0{,}707$ mol ℓ^{-1}
donc $\boxed{k_1 \simeq 0{,}369}$ en $h^{-1}.mol^{-1}.L$

$$[C] = x - [A_1] = 1 - (1 - x + x^2)^{1/2}$$
$$[A_1] = 1 - x - [C] = (1 - x + x^2)^{1/2} - x$$

$$\frac{dx}{dt} = [P_1]\left(k_1[A_1] + k_2[C]\right)$$

$$\frac{dx}{dt} = (1-x)\left(k_1\left[(1-x+x^2)^{1/2} - x\right] + k_2\left[(1-(1-x+x^2)^{1/2}\right]\right)$$

à $t=0$ $\quad v = \frac{dx}{dt} = k_1[P_1][A_1] = k_1 = 0,0286 \quad (x=0)$

Pour les autres valeurs :

x	0,1	0,2	0,3	0,4	0,5
$\frac{dx}{dt}$	0,0220	0,0164	0,0119	0,008	0,0052

La théorie est donc tout à fait en accord avec l'expérience.

— Le mécanisme supposé est une attaque nucléophile de l'amine sur le phosphore.

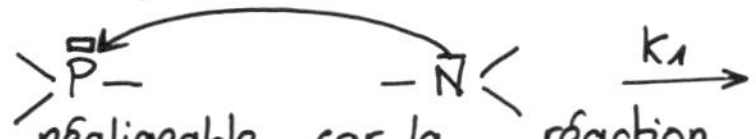

k_2 est bien négligeable car la réaction avec k_2 fait intervenir le "complexe" C

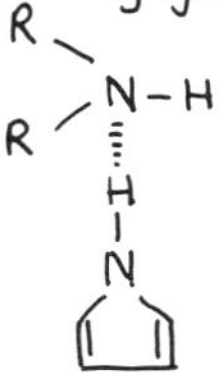

où N est déficient en électrons et est encombré stériquement : il est beaucoup moins nucléophile et la réaction est lente par rapport à la première faisant intervenir une amine non combinée.

III. Synthèse de l'éthoheptazine

1°)- a)-

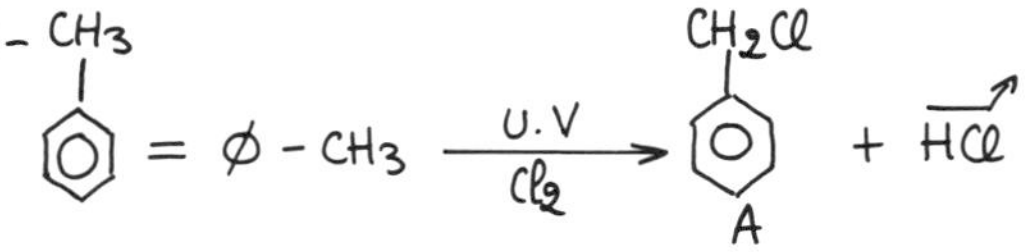

_mécanisme :

$Cl_2 \xrightarrow{UV} 2Cl$ — Initiation

$\phi\text{-}CH_3 + Cl^\bullet \longrightarrow \phi\text{-}CH_2^\bullet + HCl$ — propagation

$\phi\text{-}CH_2^\bullet + Cl_2 \longrightarrow \phi\text{-}CH_2Cl + Cl^\bullet$ — propagation

$2Cl^\bullet \longrightarrow Cl_2$ — Terminaison

C'est une réaction radicalaire en chaine.

b)- $\phi\text{-}CH_2Cl + KCN, H_2O \longrightarrow \underset{B}{\phi\, CH_2CN} + \underset{X}{KCl}$

B :

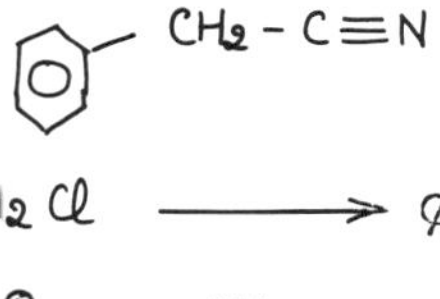

X : KCl

$\underset{A}{\phi\text{-}CH_2Cl} \longrightarrow \phi\text{-}CH_2^{\oplus} + Cl^-$

$\phi\text{-}CH_2^{\oplus} + \underset{K^+}{CN^-} \longrightarrow \underset{B}{\phi\text{-}CH_2CN} + K^+$

2°)- a)- $\phi - CH_2CN \xrightarrow[\text{NaNH}_2 \text{ très bonne base non nucléophile}]{\phi CH_3,\ 3h \text{ à } 40°C} \phi - \overset{\ominus}{C}H - CN,\ Na^+ + NH_3$ (B_1)

$\phi - \overset{\ominus}{C}H - CN,\ Na^+$ (B_1) $\xrightarrow[Br-CH_2-CH_2-N(CH_3)_2\ (C_1)]{-28°C,\ 1h} C_{12}H_{16}N_2$ (D)

C_1 : bromo 2 N éthyl N,N méthylamine

L'anion B_1 est stabilisé par résonance.

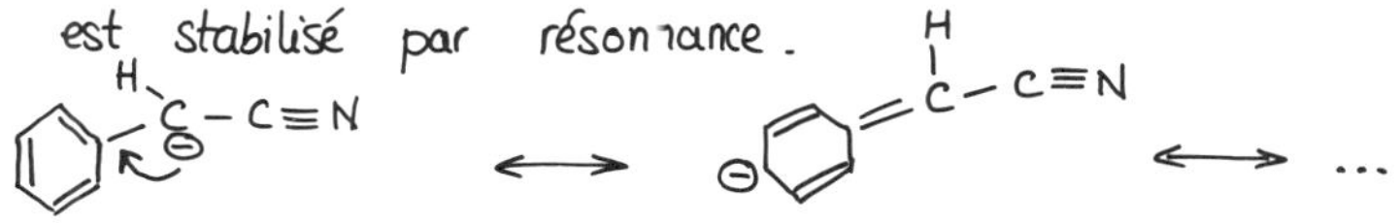

Il y a attaque nucléophile de B_1 sur C_1.

mécanisme :

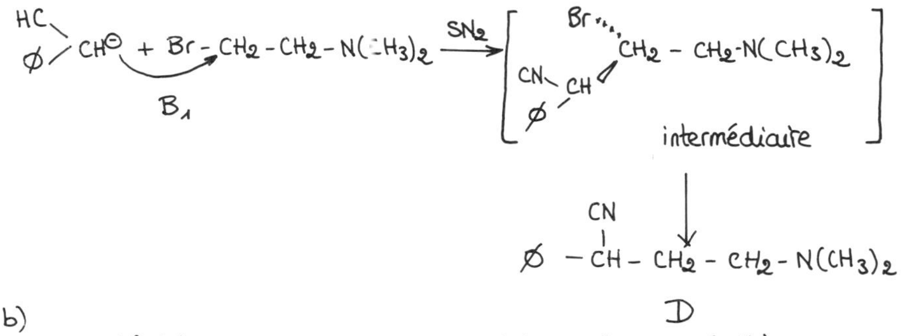

b)

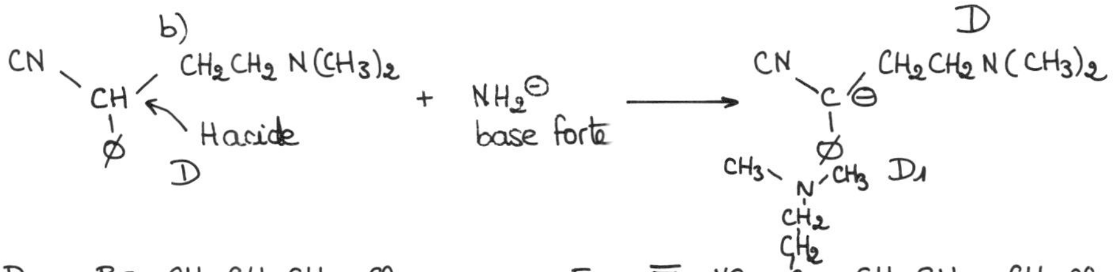

$D_1 + Br - CH_2CH_2CH_2 - Cl \longrightarrow E \equiv NC - C(\phi)(CH_2CH_2N(CH_3)_2) - CH_2CH_2 - CH_2Cl$

le brome est plus polarisable que le chlore, donc il se substitue plus facilement. (meilleur groupe partant).
le mécanisme est une S_N2 comme pour la réaction $B_1 + C_1 \longrightarrow D$

c).-

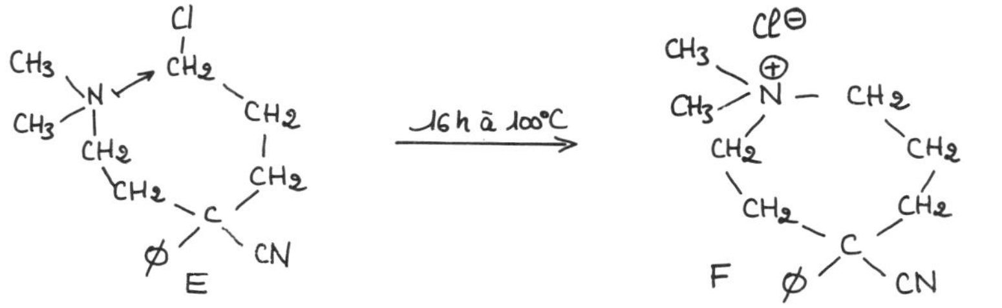

cycle à 7 atomes

$F \xrightarrow{2h \text{ à } 225°C} G$

En chauffant un ammonium, il y a départ du plus petit groupe avec l'anion (ici Cl^-)

On obtient donc G :

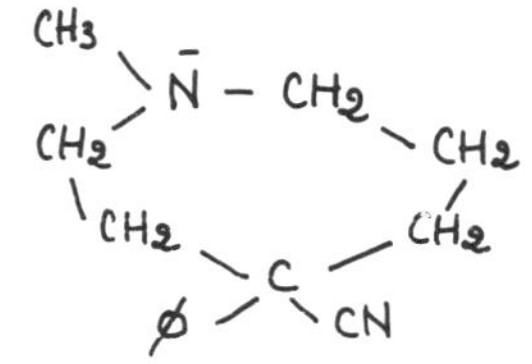

3°) a)- G $\xrightarrow{H_2SO_4 \text{ concentré ?}}$

Ce sont les conditions opératoires d'une hydrolyse acide : on va hydrolyser la fonction nitrile en fonction acide.

H ≡

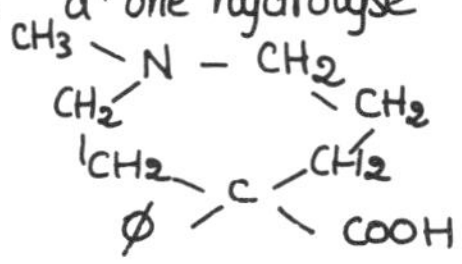

b). H $\xrightarrow[\text{excès } CH_3CH_2OH]{16 h}$ J

C'est une stérification de la fonction acide de H. Nous sommes toujours en milieu acide.

mécanisme:

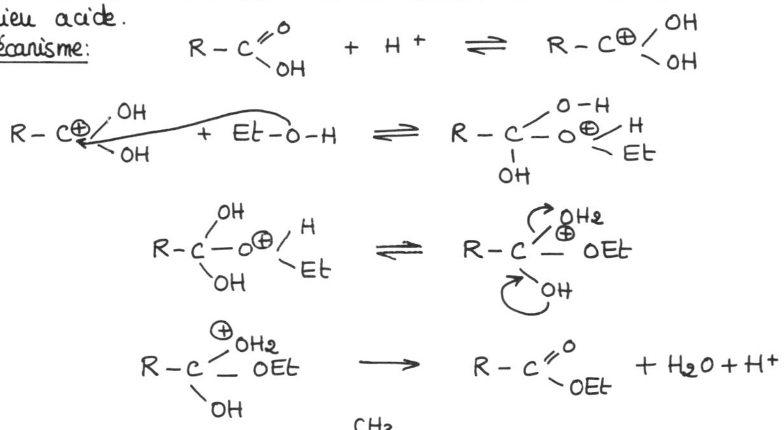

donc on obtient J :

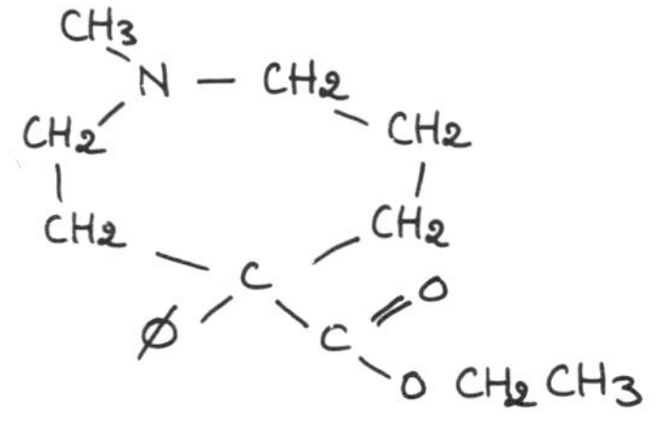

Centrale/Sup'Élec 87
Option TA

Le vitascorbol 500
A Étude des propriétés acido-basiques de la solution aqueuse d'acide ascorbique
B Études des propriétés oxydo-réductrices de la solution aqueuse d'acide ascorbique

Durée : 3H

Le vitascorbol 500 est un médicament, vendu sous forme de comprimés, contenant de la vitamine C. Celle-ci est un composé organique, l'acide ascorbique, de formule :

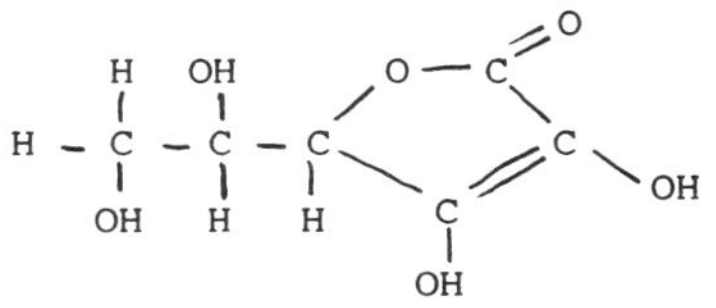

L'objet du problème est d'étudier successivement les propriétés acido-basiques et les propriétés rédox de l'acide ascorbique.

Les parties A et B sont indépendantes.

A. Etude des propriétés acido-basiques de la solution aqueuse d'acide ascorbique.

L'acide ascorbique peut être considéré comme un monoacide faible, symbolisé par HA, de force comparable à celle de l'acide acétique. Le produit ionique de l'eau est désigné par K_e, avec $pK_e = 14$, dans les conditions de l'expérience.

On écrase un comprimé de vitascorbol 500, on le place dans une fiole jaugée de 100 cm3 et on ajoute de l'eau distillée jusqu'au trait de repère. L'acide ascorbique se dissout ; il reste en suspension quelques particules solides constituant l'excipient du comprimé ; ce résidu insoluble ne présente aucun inconvénient pour l'expérience.
La solution obtenue sera désormais désignée par S, sa molarité en acide ascorbique sera notée C_1. On ajoute au volume $V_1 = 100\ cm^3$ de S quelques gouttes d'un indicateur coloré : le rouge de crésol. On suit enfin, à l'aide d'un pH-mètre, l'évolution du pH lorsqu'on verse progressivement dans S une solution aqueuse de soude de molarité $C_2 = \frac{1}{3}\ mol.\ell^{-1}$. On appelle V le volume de solution de soude versé.

1) Le virage, du jaune au rouge, du rouge de crésol, qui permet de repérer le point d'équivalence, se produit pour un volume versé $V = V_e = 8,6\ cm^3$.

En déduire le nombre de moles n et la masse m d'acide ascorbique contenus dans un comprimé. La masse molaire de l'acide ascorbique est de 176,13 $g.mol^{-1}$.

2) On note au cours de la manipulation les relevés suivants :

V cm^3	3	3,5	4	4,5	5	5,5
pH	3,82	3,93	4,03	4,14	4,24	4,35

La résolution en pH est de 0,02 unité pH.

Déduire des données précédentes, en expliquant la démarche suivie et en justifiant a posteriori d'éventuelles approximations faites a priori, la valeur expérimentale du pK_A de l'acide ascorbique.

Dans la suite du problème on utilisera en fait la valeur $pK_A = 4,10$.

3) Ecrire l'équation-bilan de la réaction de dosage de l'acide ascorbique par la soude. Calculer la valeur numérique de la constante de cette réaction. Conclusion.

4) Retrouver, par une approche théorique, les valeurs que l'on a dû lire sur le pH-mètre au cours du dosage pour les valeurs suivantes de V (cm^3)

a) V = 0 ; b) V = 1 , V = 2 , V = 7 , V = 8

c) $V = V_e = 8{,}6$; d) V = 9,5 , V = 11 , V = 13.

5) Tracer le graphe complet de la courbe pH = f(V).

6) Justifier le choix de l'indicateur coloré utilisé si l'on admet que sa zone de virage est (7,2 ; 8,8).

7) On substitue au comprimé de vitascorbol 500 un cachet de vitascorbol 500 tamponné. Chaque cachet contient 247,2 mg d'acide ascorbique et 284,4 mg d'ascorbate de sodium dont la masse molaire est de 198,11 $g.mol^{-1}$.

a) Quel est le pH de la solution S' obtenue en dissolvant un cachet de vitascorbol 500 tamponné dans 100 cm^3 d'eau distillée ? (On ne se contentera pas d'une affirmation).

b) Rapprocher l'état de la solution S' d'un état particulier de la solution S au cours du dosage.

c) Qu'appelle-t-on solution tampon ?

d) Evaluer par lectures directes sur le graphe de la courbe pH = f(V) puis par le calcul la quantité $\left(\frac{dpH}{dV}\right)_{V = \frac{V_e}{2}}$

B. Etude des propriétés oxydo-réductrices de la solution aqueuse d'acide ascorbique.

Les sections I et II de la partie B sont largement indépendantes.

I) Préparations préliminaires. (Toutes les opérations sont conduites à 298 K).

1) Le trioxothiosulfate de disodium commercial est un solide blanc cristallisé dont la formule brute est $Na_2S_2O_3, 5\ H_2O$. Quelle masse de solide faut-il dissoudre pour préparer 100 cm^3 d'une solution aqueuse de molarité 0,1 $mol.\ell^{-1}$?

On donne en $g.mol^{-1}$ les masses molaires suivantes :

S : 32,06 ; O : 16,00 ; H : 1,00 ; Na : 23,00.

2) Le diiode est peu soluble dans l'eau. Calculer à partir des données suivantes la constante de l'équilibre réalisé, entre le diiode solide et le diiode dissous, dans une solution aqueuse saturée de diiode.

On notera cet équilibre : I_2 solide $\rightleftarrows$ I_2 dissous ou, aussi, $I_{2\ sol} \rightleftarrows I_{2\ aq}$

Données : $I_{2\ sol}/I^-_{aq}$ $E_1^\circ = 0{,}54$ Volt

$I_{2\ aq}/I^-_{aq}$ $E_2^\circ = 0{,}62$ Volt

$\frac{RT}{\mathcal{F}} \ell n\ x = 0{,}059 \log x$ à 298 K

E_i° est le potentiel normal du couple Ox_i / Red_i correspondant.

3) Peut-on fabriquer par simple dissolution une solution aqueuse de molarité 0,1 $mol.\ell^{-1}$ de diiode ?

4) Le diiode est en fait beaucoup plus soluble dans une solution aqueuse d'iodure de potassium KI, par suite de la formation de l'ion complexe tri-iodure I_3^- selon la réaction équilibrée d'équation-bilan : $I_{2aq} + I^-_{aq} \rightleftharpoons I^-_{3aq}$

Données : I^-_{3aq} / I^-_{aq} $E_3^\circ = 0,54$ Volt

a) Calculer la constante K de l'équilibre : $I_{2aq} + I^-_{aq} \rightleftharpoons I^-_{3aq}$

b) En déduire la constante K' de l'équilibre : $I_{2sol} + I^-_{aq} \rightleftharpoons I^-_{3aq}$

c) Définir et calculer la valeur de la solubilité S du diiode dans une solution de molarité 5.10^{-1} mol.ℓ^{-1} d'iodure de potassium.
On exprimera S en mol.ℓ^{-1} ?

d) Peut-on préparer finalement une solution de diiode de molarité 0,1 mol.ℓ^{-1} ? Comment ?

e) On dispose d'une solution d'iodure de potassium de molarité 0,5 mol.ℓ^{-1}. Quelle masse de diiode solide faut-il dissoudre pour fabriquer 200 cm^3 d'une solution de diiode de molarité 0,1 mol.ℓ^{-1}. La masse molaire de l'iode atomique est 126,9 g.mol^{-1}.

5) On admet désormais, pour simplifier, que la solution aqueuse de diiode en présence des ions iodure se comporte comme si le diiode existait seulement en solution sous la forme I_{2aq} avec pour le couple I_{2aq} / I^-_{aq} un potentiel normal E_4° égal à 0,54 Volt.

Ecrire l'équation-bilan de la réaction équilibrée en solution aqueuse entre le diiode et le trioxothiosulfate de disodium et calculer la valeur numérique de la constante de réaction. Conclusion.

Donnée : $S_4O^{2-}_{6aq} / S_2O^{2-}_{3aq}$ $E_5^\circ = 0,08$ Volt.

$S_4O_6^{2-}$: ion tétrathionate.

II) Dosage rédox de la solution aqueuse d'acide ascorbique.

En solution aqueuse l'acide ascorbique participe au demi-équilibre rédox suivant :

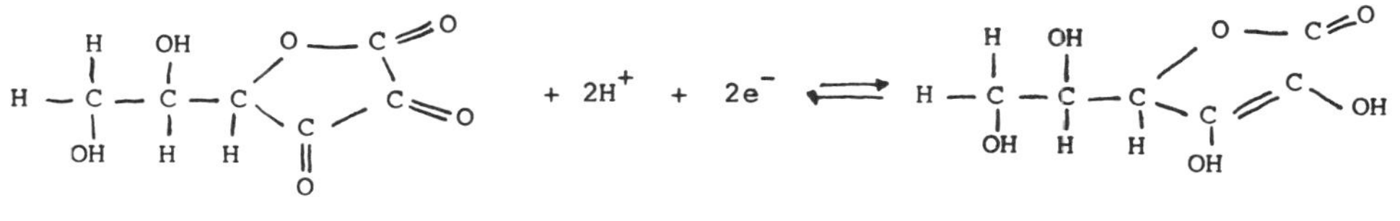

En fait, dans la suite, pour alléger l'écriture nous utiliserons le formalisme suivant :

$Ox_{asc} + 2H^+ + 2e^- \rightleftharpoons Red_{asc}$

1) Le diiode étant réduit en ions iodure I^-, écrire l'équation-bilan de la réaction entre I_{2aq} et Red_{asc}. On considérera cette réaction comme quasi-quantitative.

2) On procède comme dans la partie A en écrasant un comprimé de vitascorbol 500 pour préparer une solution S de volume $V_1 = 100$ cm^3 et de molarité C_1 supposée inconnue en acide ascorbique.

On filtre S et on place dans un erlenmeyer $V_1' = 50\ cm^3$ du filtrat. On ajoute ensuite dans l'erlenmeyer $V_2 = 20\ cm^3$ d'une solution de diiode de molarité $C_2 = 0{,}1\ mol.\ell^{-1}$. L'adjonction complémentaire de quelques gouttes d'empois d'amidon entraîne l'apparition d'une coloration bleue intense caractéristique de la présence de diiode en excès. La disparition de la teinte bleue est obtenue par l'ajout de $V_3 = 11{,}6\ cm^3$ d'une solution de trioxo-thiosulfate de molarité $C_3 = 0{,}1.\ mol.\ell^{-1}$.

a) Etablir la relation liant C_1, V_1', C_2, V_2, C_3, V_3

b) Indiquer la valeur numérique de C_1

c) En déduire le nombre de moles n et la masse m d'acide ascorbique contenus dans un comprimé de vitascorbol 500. Ces résultats sont-ils cohérents avec ceux obtenus dans la partie A ?

A - $HA + H_2O \rightleftharpoons A^- + H_3O^+$

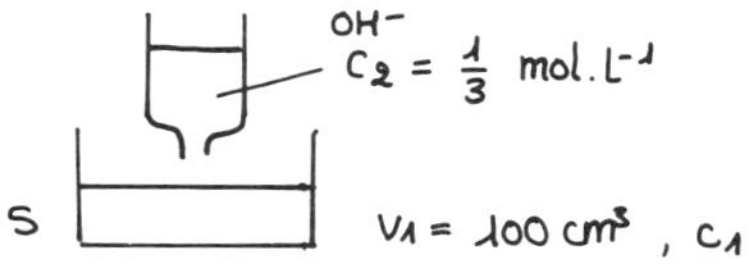

1) La réaction du dosage est :

$$HA + OH^- \xrightarrow{K} A^- + H_2O$$

C'est une réaction totale (car on nous dit : K_A proche de $K_{A\,CH_3COOH} = 4{,}75$; $K \simeq 10^9 - 10^{10} \gg 1$!)
de constante $K = \frac{[A^-]}{[HA]} \times \frac{1}{[OH^-]} = \frac{Ka}{Ke}$

Au virage, on a : $n_{OH^-\ versés} = n_{HA\ présents\ dans\ S}$

d'où $c_2 V_e = c_1 V_1$ donc $c_1 = 2{,}87.\ 10^{-2}\ mol.L^{-1}$

n_{HA} = 2,87. 10^{-3} mole 1 comprimé dans S
m_{HA} = 0,505 gr 1 comprimé

2)- Avant l'équivalence :

HA	$+ OH^-$	$\longrightarrow$	$A^- + H_2O$
n_0	n		
$n_0 - n$	0		n

A la demi-équivalence $n = \frac{ne}{2}$

$$[HA] = n_0 - \frac{ne}{2} = \frac{ne}{2} \quad \text{et} \quad [A^-] = \frac{ne}{2}$$

$K_A = \frac{[H_3O^+][A^-]}{[HA]}$ d'où $pH = pK_A$ à la demi-équivalence

– On néglige la réaction de :
HA sur l'eau ($K \ll 1$ donc négligeable)
A^- sur l'eau (même raison)
$HA + A^- \rightleftharpoons$ idem (ne change pas les concentrations)

– à la demi-équivalence : $V = \frac{V_e}{2} = 4{,}3\ cm^3$

On lit sur la courbe pH = 4,1 donc $\boxed{pK_A = 4{,}1}$

3)- voir 1) $HA + OH^- \rightleftharpoons A^- + H_2O$

$K = \frac{K_a}{K_e}$ donc $\boxed{K = 7{,}94.10^9}$ la réaction est totale.

4)- a)- $V=0$

La réaction prépondérante est :

$HA + H_2O \overset{K}{\rightleftharpoons} A^- + H_3O^+$ $K = K_a = 10^{-4{,}1}$ réaction très limitée.

$K_A = \frac{[A^-][H_3O^+]}{[HA]}$ avec $[HA] = c_0 - [H_3O^+]$ ou encore $[HA] \simeq c_0$

et $[A^-] = [H_3O^+] = h$

donc $pH = \frac{1}{2}(pK_A - \log c_0)$ A.N : $pH = 2{,}82$

On vérifie $c_0 = 2{,}87.10^{-2} \gg h = 1{,}51.10^{-2}$ donc la simplification n'est pas possible.

tracé de la courbe pH = f(V)

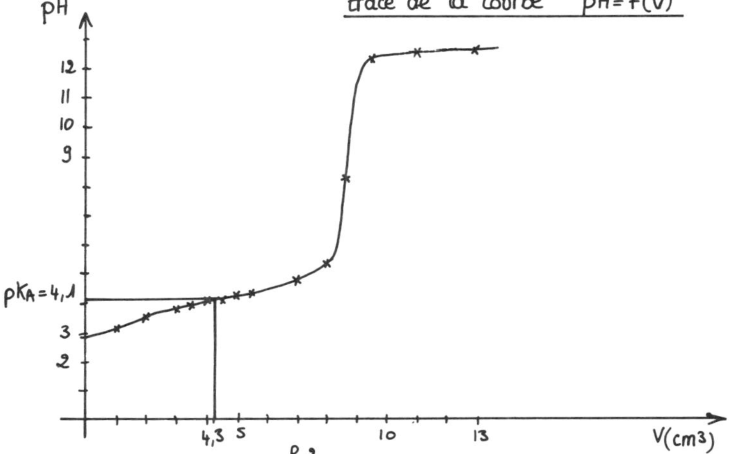

On a donc $K_a = \frac{h^2}{c_0 - h}$

d'où $h^2 + K_a h - K_a c_0 = 0$

On résoud cette équation du second degré en h et on trouve $h = 1{,}47.10^{-3}$

d'où $\boxed{pH = 2{,}83}$

b)- Avant l'équivalence, on a vu au 2) : $HA + OH^- \longrightarrow A^- + H_2O$ K

nombre de moles $\begin{cases} n_0 & n = c_2V \\ n_0 - c_2V & & c_2V \end{cases}$

$K_a = \frac{[H_3O^+][A^-]}{[HA]}$

La réaction suivante prépondérante est :

$HA + A^- \rightleftharpoons A^- + HA$ (qui ne change pas les concentrations)

$pH = pK_A + \log \frac{[A^-]}{[HA]}$ d'où $pH = pK_A + \log \frac{c_2V}{c_0V_0 - c_2V}$

On obtient alors : pour $V = 1$ $pH = 3{,}22$
$V = 2$ $pH = 3{,}58$
$V = 7$ $pH = 4{,}74$
$V = 8$ $pH = 5{,}23$

c). A l'équivalence, on a :

$$HA + OH^- \rightleftharpoons A^- + H_2O$$

n_0	n_e		
ε	ε	n_e	/

La réaction suivante est la réaction inverse, très limitée.

$K_a = \frac{[H_3O^+][A^-]}{[AH]} = \frac{K_e[A^-]}{\varepsilon^2}$ d'où $\varepsilon = \left(\frac{K_e[A^-]}{K_a}\right)^{1/2}$

$[H_3O^+] = K_e\left(\frac{K_a}{K_e[A^-]}\right)^{1/2} = \left(\frac{K_eK_a}{[A^-]}\right)^{1/2}$

d'où $pH = \frac{1}{2}[pK_e + pK_a + \log[A^-]]$

on obtient alors avec $[A^-] = \frac{2{,}87.10^{-2} \times 100}{108{,}6} = 2{,}64.10^{-2}$ mol.l-1

$$\boxed{pH = 8{,}26}$$

d). Après l'équivalence, la réaction est :

$$OH^- + H_2O \rightleftharpoons OH^- + H_2O$$

n-ne

$[H_3O^+] = \frac{K_e}{[OH^-]} = \frac{10^{-14}}{\frac{c_2V - c_2V_e}{V+V_e}}$

On obtient alors : pour $V = 9{,}5$ $pH = 12{,}43$
$V = 11$ $pH = 12{,}49$
$V = 13$ $pH = 12{,}55$

5). On rapporte sur la même courbes ces valeurs.

6). La zone de virage de l'indicateur coloré doit encadré le pH-équivalence du dosage :
or la zone de virage du rouge de crésol est 7,2 - 8,8
et le pH à l'équivalence vaut $pH_e = 8{,}26$
L'indicateur rouge de crésol est donc bien choisi.

7). 247,2 mg AH M = 176,13 g.mol-1
284,4 mg ANa M = 198,11 g.mol-1

a). au départ : n moles AH_s = $1{,}404.10^{-3}$ mole
n moles A^- = $1{,}436.10^{-3}$ mole

La réaction est la suivante :

$$AH + A^- \overset{K}{\rightleftharpoons} A^- + AH$$

avec $K_a = \frac{[H_3O^+][A^-]}{[AH]}$ d'où $pH = pK_a + \log \frac{[A^-]}{[AH]}$

$$pH = 4,10 + 9,78.10^{-3}$$

$$\boxed{pH = 4,11}$$

b)- L'état de la solution s' est à rapprocher de l'état de la solution s à la demi-équivalence ($V = 4,3\ cm^3$) du dosage.

c)- Une solution tampon est une solution dont le pH ne varie pas par dilution ou par addition d'une base ou d'un acide.

d)- Calcul de $\left(\frac{dpH}{dV}\right)$ à $V = \frac{Ve}{2}$

* $dV = 5,3 - 3,3 = 2$
et $dpH = 4,3 - 3,85 = 0,45$

On obtient donc par le calcul : $\left(\frac{dpH}{dV}\right) = \underline{0,225}$

* par la théorie :

$$pH = pK_a + \log \frac{C_2V}{C_0V_0 - C_2V}$$

d'où $pH = pK_a + \frac{1}{2,3}\left[\ln c_2V - \ln(c_0V_0 - c_2V)\right]$

donc en dérivant cette expression, on obtient :

$$dpH = \frac{1}{2,3}\left[\frac{c_2}{c_2V} + \frac{c_2}{C_0V_0 - c_2V}\right] dV$$

$$\frac{dpH}{dV} = \frac{c_2}{2,3}\left[\frac{C_0V_0}{(C_0V_0 - c_2V)(c_2V)}\right]$$

à $V = \frac{Ve}{2}$, on a $C_0V_0 = C_2Ve$ (demi- équivalence)

d'où
$$\left(\frac{dpH}{dV}\right)_{V=\frac{Ve}{2}} = \frac{c_2}{2,3}\left[\frac{C_0V_0}{\left(C_0V_0 - \frac{c_2Ve}{2}\right)\left(\frac{Ve\,c_2}{2}\right)}\right]$$

c'est-à-dire
$$\left(\frac{dpH}{dV}\right)_{V=\frac{Ve}{2}} = \frac{c_2}{2,3} \times \frac{4}{C_2Ve} = \frac{4}{2,3 \times 8,6} = \underline{0,202}$$

B-

I- a)- $Na_2S_2O_3, 5H_2O$ $M = 248,12\ gr$

Lorsqu'on dissout 1 mole = 248,12 gr de $Na_2S_2O_3, 5H_2O$ dans 1 l, on a 1 mole de $S_2O_3^{2-}$ dans 1 l de solution.

100 cm³ à 0,1 mol. l⁻¹ donc 0,01 mole de $Na_2SO_3, 5H_2O$ à dissoudre dans 100 cm³.

– $\boxed{m = 2,4812\ gr}$ à dissoudre dans 100 cm³ d'eau.

2)- $$I_{2\,sol} \overset{\Delta G}{\rightleftharpoons} I_{2\,aq} \quad (1)$$

$$\begin{cases} 2e^- + I_{2\,sol} \rightleftharpoons 2I^-_{aq} & E_1^\circ = 0{,}54\ V \\ 2e^- + I_{2\,aq} \rightleftharpoons 2I^-_{aq} & E_2^\circ = 0{,}62\ V \end{cases}$$

$\Delta G = \Delta G_1 - \Delta G_2$

$\Delta G^\circ = \Delta G_1^\circ - \Delta G_2^\circ = -2\mathcal{F}E_1^\circ + 2\mathcal{F}E_2^\circ$

$\ln K = -\dfrac{\Delta G^\circ}{RT} = \dfrac{2\mathcal{F}}{RT}(E_1^\circ - E_2^\circ)$ $\qquad \dfrac{RT}{\mathcal{F}} \ln x = 0{,}059 \log x$ d'où $\dfrac{\mathcal{F}}{RT} = 38{,}98$

donc $\boxed{K = 1{,}96.10^{-3}}$

3)- $K = 1{,}96.10^{-3} = (I_{2aq})$

Par simple dissolution, la concentration en diiode dans une solution aqueuse ne peut être supérieure à $1{,}975.10^{-3}$ mol.L^{-1}.

Il n'est donc pas possible d'avoir une solution à 0,1 M par simple dissolution.

4)- On a $I_2\,aq + I^-\,aq \rightleftharpoons I_3^-\,aq$ (2)

a) $\begin{cases} 2e^- + I_2\,aq \rightleftharpoons 2I^-\,aq & \Delta G_2 \\ 2e^- + I_3^-\,aq \rightleftharpoons 3I^-\,aq & \Delta G_3 \end{cases}$

on obtient $I_2\,aq + I^-\,aq \rightleftharpoons I_3^-\,aq$ (2) $\quad \Delta G$

avec $k = \dfrac{[I_3^-]aq}{[I^-aq][I_2aq]}$ et $\Delta G = \Delta G_2 - \Delta G_3$

$\ln K = -\dfrac{\Delta G^\circ}{RT} = \dfrac{2\mathcal{F}}{RT}(E_2^\circ - E_3^\circ)$ d'où $\boxed{K = 511{,}2}$

b)- $I_2\,sol + I^-\,aq \overset{K'}{\rightleftharpoons} I_3^-\,aq$ $\quad$ { résulte de (1) et de (2)

$K' = K \times [I_2]_{aq} = 506{,}4 \times 1{,}976.10^{-3}$

$\boxed{K' = 1}$

c)- $s = [I_2]_{aq} + [I_3^-]$

– $K' = 1$ donc à l'équilibre on a : $[I_3^-] = [I^-] = \dfrac{5.10^{-1}}{2}$

et

– $[I_2\,aq] = 1{,}96.10^{-3}$ mol.L^{-1}

donc $s = 1{,}96.10^{-3} + 2{,}5.10^{-1}$ c'est-à-dire $\boxed{s = 2{,}52.10^{-1}\ mol.L^{-1}}$

d)- Oui, on le peut maintenant !

Il suffit de bien choisir la solution d'iodure de potassium au départ et sa concentration c_0. On doit avoir $s = 10^{-1} = s_0 + \dfrac{c_0}{2}$ d'où $c_0 = 1{,}96.10^{-1}$ mol.L^{-1}

e)- On peut aussi dissoudre de l'iode dans KI 0,5 mol.L^{-1} de telle sorte qu'on atteigne 0,1 mol.L^{-1}.

Dans 200 cm^3 d'eau, il faut dissoudre 0,02 mole de I_2 solide

donc $m = 0{,}02 \times 2 \times 126{,}9$ c'est-à-dire $\boxed{m = 5{,}076\ gr}$

5)- $\begin{cases} 2e^- + I_2\,aq \rightleftharpoons 2I^- \\ 2\,S_2O_3^- \rightleftharpoons S_4O_6^{2-} + 2e^- \end{cases}$

La réaction est $2S_2O_3^{2-} + I_2\,aq \underset{}{\overset{\Delta G}{\rightleftharpoons}} 2I^- + S_4O_6^{2-}$

$\Delta G° = \Delta G_4° - \Delta G_5° = -2\mathcal{F}E_4° + 2\mathcal{F}E_5°$

$\ln K = -\frac{\Delta G°}{RT} = \frac{2\mathcal{F}}{RT}(E_4° - E_5°)$ donc $\boxed{K = 3{,}75.10^{15}}$ la réaction est quantitative

L'iode oxyde en milieu aqueux le trioxothiosulfate de sodium.

II). $Ox\,asc + 2H^+ + 2e^- \rightleftharpoons Red\,asc$

1). $I_2\,aq + Red\,asc \overset{K}{\rightleftharpoons} Ox\,asc + 2I^-_{aq} + 2H^+$ avec $K > 1$.

2). $V_1 = 100\ cm^3 \longrightarrow V'_1 = 50\ cm^3 + V_2 = 20\ cm^3$

c_1 $\qquad$ c_1 $\qquad$ de $I_2\,aq$ $0{,}1\ mol.L^{-1}$

a). L'empois d'amidon ajouté entraîne l'apparition d'une coloration bleue intense, caractéristique du diiode en excès.

On ajoute $V_3 = 11{,}6\ cm^3$ de $S_2O_3^{2-}$ de concentration $c_3 = 0{,}1\ mol.L^{-1}$

$I_2\,aq + 2\,S_2O_3^{2-} \rightleftharpoons 2I^- + S_4O_6^{2-}$

$n_{I_2 aq}$ en excès $\qquad c_3V_3$

$0 \qquad 0 \qquad c_3V_3$

* on a $c_3V_3 = 2n_{I_2 aq}$ excès
* ensuite l'iode a oxydé l'acide ascorbique

Soit n_u le nombre de moles d'iode utilisé.

$n_u = \underset{0,1}{c_2} V_2 - \frac{c_3V_3}{2} = c_1.V'_1$

$$\boxed{c_2V_2 - \frac{1}{2}c_3V_3 = c_1V'_1}$$

b). $c_1 = \frac{1}{V'_1}\left(c_2V_2 - \frac{1}{2}c_3V_3\right)$ d'où $\underline{c_1 = 2{,}84.\ 10^{-2}\ mol.L^{-1}}$

c). Dans $100\ cm^3$ $\quad n$ moles $= 2{,}84.\ 10^{-3}$ moles

$m = n \times M = 500{,}2\ mg$

Les résultats sont cohérents avec la partie A (Heureusement !).

Centrale/Sup'Élec 86 — Option M

I Cours : diagramme potentiel, pH de l'eau
II Chimie organique
III Cinétique de l'équation $2\,HI \underset{k_2}{\overset{k_1}{\rightleftarrows}} I_2 + H_2$

Durée : 3H

L'épreuve se compose de quatre parties indépendantes.

I. Question de cours

1°. Représenter le diagramme potentiel - pH de l'eau. On prendra la pression des gaz égale à une atmosphère et la concentration molaire des espèces dissoutes, autres que les ions H^+_{aq}, égale à 1 mol.ℓ^{-1}.

2°. Dans chaque domaine, indiquer le rôle de l'eau et éventuellement la nature des produits de décomposition.

3°. On dispose d'une solution aqueuse de pH = 4. Examiner l'action de cette solution sur le zinc et le cuivre ; écrire les équations des réactions pouvant avoir lieu.

4°. D'après les données thermodynamiques, que peut-on conclure quant à la stabilité d'une solution aqueuse de permanganate de potassium ? Qu'en est-il réellement ?

Données pouvant être utilisées :

Potentiels normaux à pH = 0 : H^+/H_{2g} : 0,00 V

O_{2g}/H_2O : 1,23 V — Cu^{2+}/Cu_s : 0,34 V

Cu^+/Cu_s : 0,52 V — Zn^{2+}/Zn_s : -0,76 V

MnO_4^-/Mn^{2+} : 1,51 V — K^+/K_s : - 2,92 V

Il est rappelé que : $2,3\ \frac{R.T}{\mathcal{F}} = 0,06$ V

II. Chimie organique

1°. L'expression de la vitesse de déshydrohalogénation du dibromostilbène selon la réaction :

$$C_6H_5\text{-CHBr-CHBr-}C_6H_5 \xrightarrow{OH^-} C_6H_5\text{-CBr=CH-}C_6H_5$$

s'écrit :

$$v = k\ [\text{dibromostilbène}]\ [OH^-].$$

A partir du dibromostilbène optiquement inactif on obtient l'alcène Entgegen (E).

a) Représenter les différents isomères du dibromostilbène et donner la configuration absolue (R,S) des carbones asymétriques.

b) Représenter l'alcène (E) obtenu.

c) Déduire des données expérimentales le mécanisme de la désydrohalogénation. Justifier.

2°. Donner le ou les produits obtenus par les réactions suivantes et indiquer le type de mécanisme mis en jeu :

$$CH_3-CH_3 \quad + \quad Cl_2 \xrightarrow{U.V.}$$

$$CH_3-CH=CH_2 \quad + \quad HCl \longrightarrow$$

$$CH_3-CH=CH_2 \quad + \quad HBr \xrightarrow[\text{de benzoyle}]{\text{peroxyde}}$$

(Le peroxyde de benzoyle a pour formule

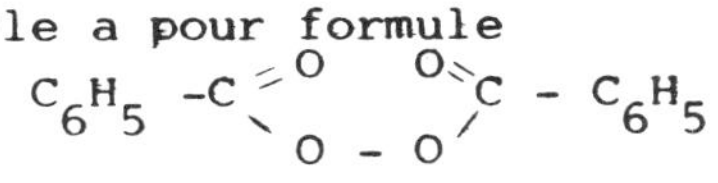

Détailler le mécanisme pour la troisième réaction.

III. Cinétique

On étudie la dissociation de l'iodure d'hydrogène à 665 K qui est une réaction équilibrée :

$$(1) \qquad 2HI \underset{k_2}{\overset{k_1}{\rightleftharpoons}} I_2 \; + \; H_2$$

A la température de l'expérience, tous les corps sont gazeux.
On appelle k_1 la constante de vitesse de la dissociation et k_2 la constante de vitesse de la synthèse (réaction inverse).
Au départ (temps t=0) on introduit une mole d'iodure d'hydrogène dans un récipient vide de volume V = 22,4 litres.
On détermine à différents instants le nombre x de moles dissociées. On trouve les résultats suivants :

t_{min}	x_{moles}
60	0,028
120	0,054
240	0,098
∞	0,200

1°. Calculer la valeur de la constante K de l'équilibre (1).

2°. La réaction de dissociation de l'iodure d'hydrogène est du second ordre ainsi que la réaction inverse (ordre 1 par rapport à chacun des corps réagissants).
Montrer que l'expression de la vitesse de la réaction (1) peut se mettre sous la forme :

$$\frac{dx}{(1 - Ax)\,(1 + Bx)} = C.dt$$

A, B et C sont des constantes positives. Calculer la valeur de A et B et donner l'expression de C en fonction de k_1 et V.

3°. En intégrant l'expression précédente et à l'aide des données expérimentales, déterminer la valeur de la constante de vitesse k_1.

4°. En déduire la valeur de la constante de vitesse k_2.

IV. Précipitation et acidité

On considère une solution saturée en éthanoate d'argent (CH_3COOAg), à 25°C.

1°. Etablir la relation donnant la solubilité, s, de l'éthanoate d'argent en présence d'un monoacide fort, en fonction de la concentration en ions H^+_{aq}, de la constante d'acidité K_a de l'acide éthanoïque et du produit de solubilité K_s de l'éthanoate d'argent.

2°. La mesure de la solubilité de l'éthanoate d'argent dans des solutions de pH connu a donné les résultats suivants :

pH	5	4,52	4,30	4,15
s mol.ℓ^{-1}	$0{,}815.10^{-1}$	$1{,}06.10^{-1}$	$1{,}26.10^{-1}$	$1{,}43.10^{-1}$

Montrer que ces résultats expérimentaux sont en accord avec l'expression précédente.

En déduire le produit de solubilité de l'éthanoate d'argent et la constante d'acidité de l'acide éthanoïque.

I. Question de cours

1°) L'eau met en jeu deux couples oxydoréducteurs dont les équilibres s'écrivent :

(1) $2H^+_{aq} + 2e^- \rightleftarrows H_2 \nearrow$

(2) $4H^+_{aq} + O_2 + 4e^- \rightleftarrows 2H_2O$

Les potentiels d'équilibre des deux couples (1) et (2) (respectivement E_1 et E_2) s'écrivent, selon la loi de Nernst :

$$E_1 = E°_{H^+/H_{2g}} + \frac{RT}{2\mathcal{F}} \ln\left(\frac{[H^+_{aq}]^2}{P_{H_2}}\right)$$

$$E_2 = E°_{O_2/H_2O} + \frac{RT}{4\mathcal{F}} \ln\left([H^+_{aq}]^2\, p_{O_2}\right)$$

soit $E_1 = -0{,}06\,pH - 0{,}03 \log P_{H_2}$

$E_2 = 1{,}23 - 0{,}06\,pH + 0{,}015 \log p_{O_2}$

Les frontières entre les domaines sont prises pour $p_{H_2} = 1$ et $p_{O_2} = 1$.

Les droites séparant ces domaines sont donc :

$E_I = -0{,}06\,pH$

$E_{II} = 1{,}23 - 0{,}06\,pH$.

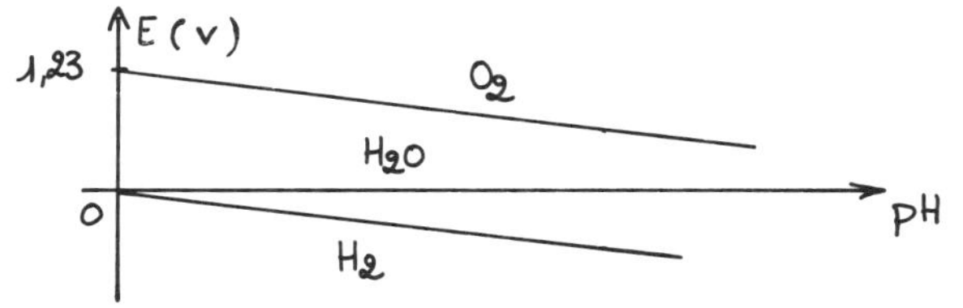

2°)- Supposons que l'on porte l'eau à un potentiel $E > E_{II}$ (par un couple oxydoréducteur = chimiquement ou par une tension électrochimiquement), pour atteindre l'équilibre, on doit avoir en particulier :

$$E = E_2 \rightarrow E_{II}$$

or $\quad E_2 = E_{II} + 0{,}015 \log p_{O_2}$

pour atteindre l'équilibre, le couple a tendance à évoluer de manière à faire augmenter p_{O_2} : la réaction s'effectue dans le sens $\nearrow$

$$2\,H_2O \rightleftharpoons 4\,H^+_{aq} + 4e^- + O_2 \nearrow$$

L'eau se comporte donc en réducteur et n'est pas stable dans ce domaine: elle se décompose en oxygène.

En raisonnant de même dans le domaine $E < E_I$, on trouve que l'eau se comporte en oxydant. Elle n'est pas stable et se décompose en hydrogène.

3°)- A pH=4, les potentiels standards apparents sont :

pour $\quad 2\,H^+_{aq} + 2e^- \rightleftharpoons H_2 \nearrow \qquad E_I^\circ = -0{,}24\,V$

pour $\quad 4\,H^+_{aq} + O_2 + 2e^- \rightleftharpoons 2H_2O \qquad E_{II}^\circ = 0{,}99\,V$

Pour les couples des métaux, on a:

$$Cu^{2+} + 2e^- \rightleftharpoons Cu \qquad E^\circ_{III} = 0{,}34\,V$$

$$Zn^{2+} + 2e^- \rightleftharpoons Zn \qquad E^\circ_{IV} = -0{,}76\,V$$

— on a $E^\circ_{IV} < E^\circ_{III}$ donc on pourra avoir

$$Cu^{2+} + Zn \longrightarrow Zn^{2+} + Cu$$

— E°_{III} et E°_{IV} sont tous deux inférieurs à E°_{II} donc les deux métaux peuvent être oxydés par O_2 selon

$$2\,Zn + O_2 + 4\,H^+ \longrightarrow 2\,Zn^{2+} + 2H_2O$$

$$2\,Cu + O_2 + 4\,H^+ \longrightarrow 2\,Cu^{2+} + 2H_2O$$

— les deux métaux se différencient par rapport à la réduction de l'eau.

$E_{IV} < E_I$, donc on observera:

$$Zn + 2H^+ \longrightarrow Zn^{2+} + H_2 \nearrow$$

En revanche, $E_{III} < E_I$, donc on ne peut réduire l'eau avec le cuivre, on aura:

$$Cu^{2+} + H_2 \longrightarrow Cu + 2\,H^+$$

4°)- L'équilibre d'oxydoréduction du couple MnO_4^- / Mn^{2+} s'écrit

$$MnO_4^- + 8H^+ + 5e^- \rightleftharpoons Mn^{2+} + 4H_2O$$

son potentiel d'équilibre est

$$E_V = 1{,}51 - 0{,}06 \times \frac{8}{5}\,pH + \frac{0{,}06}{5} \log \frac{[MnO_4^-]}{[Mn^{2+}]}$$

Quand on se place à pH=0, on a un potentiel standard apparent $E_V^\circ = 1{,}51\,V$ donc à ce pH $E_V^\circ > E_{II}^\circ$.

c'est-à-dire que le permanganate oxyde l'eau selon:

$$4\,MnO_4^- + 12H^+ \longrightarrow 4\,Mn^{2+} + 5O_2^- + 6H_2O$$

Ceci est un résultat prévu par la thermodynamique; en fait, la vitesse de cette réaction est quasi-nulle, ce qui implique que l'on peut garder longtemps des solutions de permangate aqueuses sans que le permanganate ne disparaisse. Ces solutions sont dites métastables.

II Chimie organique :

1°) a. les différents isomères du dibromostilbène sont :

—

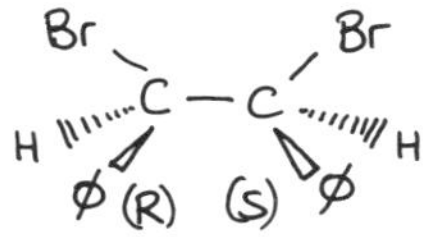

$\phi = C_6H_5$

Cet isomère est superposable à son image dans un miroir : il est donc optiquement inactif.

—

Ces deux isomères ne se superposent pas et ils sont images l'un de l'autre par rapport à un miroir.
Ce sont donc deux énantiomères, donc optiquement actifs.

b. L'alcène obtenu est

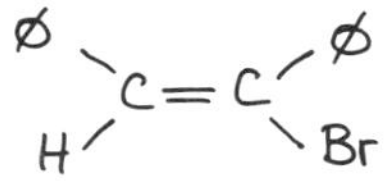

c. La vitesse est du premier ordre par rapport à la base, et du premier ordre par rapport au dibromostilbène, donc l'étape qui régit la vitesse est probablement bimoléculaire.

On doit donc envisager un mécanisme où H et Br partent simultanément. Deux cas se présentent : soit l'élimination est symétrique, soit l'élimination est antisymétrique.

On part de l'isomère optiquement inactif (cf. a)

symétrique :

antisymétrique :

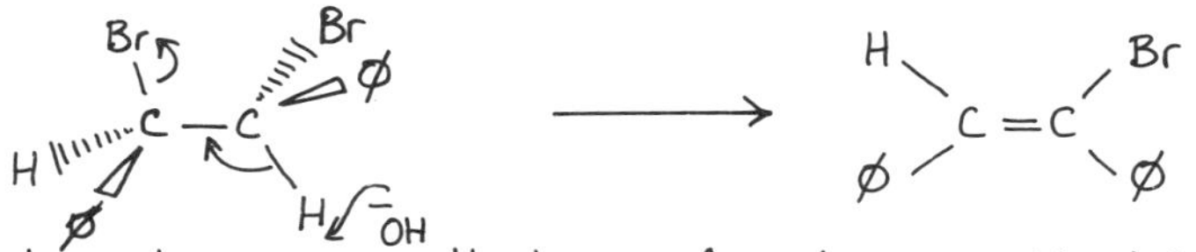

Si on part, dans chaque cas, d'autres conformations, on obtient le même résultat. D'après les résultats expérimentaux, on a une élimination anti.

2°)-

— $CH_3 - CH_3 + Cl_2$ en présence d'UV.

On peut obtenir tous les produits possibles de mono et polychloration :

$C_6H_{6n}Cl_n$: $n = 1, 2, 3, 4, 5, 6$.

Il s'agit d'une substitution radicalaire en chaîne.

le mécanisme fait apparaitre des radicaux organiques du type :

$CH_3CH_2^\bullet$, $CH_3 - CHCl^\bullet$, etc...

Les radicaux sont plus stables, selon l'ordre :

$$CH_3 - CCl_2^\bullet > CH_3 - CHCl^\bullet > CH_3 - CH_2^\bullet$$

ce qui explique que l'on obtient de façon prépondérante $CH_3 - CCl_3$

— $CH_3 - CH = CH_2 + HCl \longrightarrow CH_3 - CH(Cl) - CH_3$

Il s'agit d'une addition électrophyle. Elle suit la règle d'orientation de Morkovnikov.

— $CH_3 - CH = CH_2 + HBr \xrightarrow[\text{de benzoyle}]{\text{peroxyde}} CH_3 - CH_2 - CH_2 - Br$

le mécanisme est du type addition radicalaire en chaîne.
le peroxyde de benzoyle joue un rôle majeur dans l'initiation.

initiation :

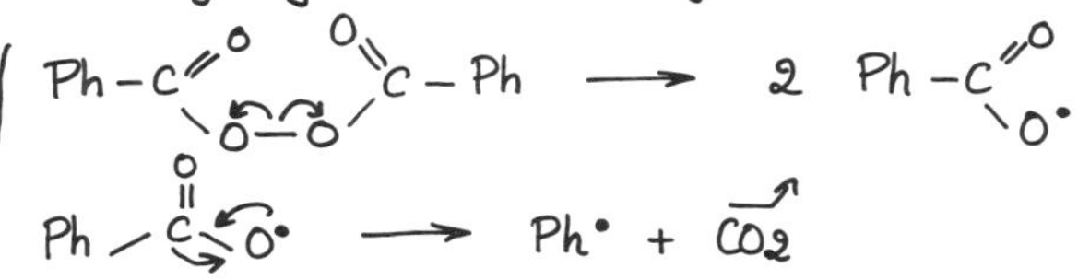

$Ph^\bullet + HBr \longrightarrow PhH + Br^\bullet$

$Ph - COO^\bullet + HBr \longrightarrow Ph - COOH + Br^\bullet$

propagation

$CH_3 - CH = CH_2 + Br^\bullet \longrightarrow CH_3 - CH^\bullet - CH_2Br$

$CH_3 - CH^\bullet - CH_2Br + HBr \longrightarrow CH_3 - CH_2 - CH_2Br + Br^\bullet$

rupture

$2\ CH_3 - CH^\bullet - CH_2Br \longrightarrow$

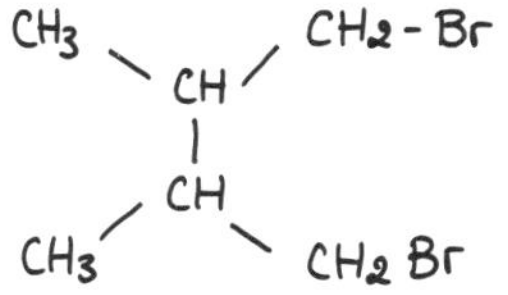

$2\,Br^\bullet \longrightarrow Br_2$

Remarques très importantes :

— le mécanisme ne fait pas apparaître $H^\bullet$, espèce instable.

— lors de l'addition de $Br^\bullet$, on peut également penser à l'obtention de

$CH_3 - CH(Br) - CH_2^\bullet$

mais on obtiendrait un radical primaire beaucoup moins stable que le radical secondaire représenté dans le mécanisme.

III. Cinétique

1°) A un temps infiniment grand, la réaction atteint son équilibre. Le nombre de moles dissociées est alors: $x_e = 0,2$

il reste donc : $n_{HI} = 0,8$ mole de HI

il s'est formé : $n_{H_2} = 0,1$ mole de H_2

$n_{I_2} = 0,1$ mole de I_2

La constante d'équilibre s'écrit : $K = \dfrac{p_{I_2} p_{H_2}}{p_{HI}^2}$

si p_T est la pression totale, on a :

$$p_{I_2} = n_{I_2}\frac{p_T}{V} \quad ; \quad p_{H_2} = n_{H_2}\frac{p_T}{V} \quad ; \quad p_{HI} = n_{HI}\frac{p_T}{V}$$

d'où $K = \dfrac{n_{I_2} n_{H_2}}{n^2_{HI}}$ $\boxed{K = \dfrac{1}{64} = 1,56 \cdot 10^{-2}}$

2°). Les indications de l'énoncé se traduisent par :

v dissociation $= k_1[HI]^2$

v inverse $= k_2[H_2][I_2]$

La vitesse de la réaction est donc :

$v = k_1[HI]^2 - k_2[H_2][I_2]$

et c'est également, par définition : $v = -\dfrac{d[HI]}{dt}$

d'où
$$-\frac{d[HI]}{dt} = k_1[HI]^2 - k_2[H_2][I_2]$$

$$-\frac{1}{V}\frac{dn_{HI}}{dt} = (k_1 n_{HI}^2 - k_2 n_{H_2} n_{I_2})\frac{1}{V^2}$$

$$-dn_{HI} = (k_1 n^2_{HI} - k_2 n_{H_2} n_{I_2})\frac{dt}{V}$$

Le tableau suivant donne, en fonction de x, le nombre de moles de chaque espèce :

	HI	H_2	I_2
t=0	1	0	0
t	1-x	$\frac{x}{2}$	$\frac{x}{2}$

L'équation de la cinétique devient :

$$dx = \left(k_1(1-x)^2 - \frac{k_2}{4}x^2\right)\frac{dt}{V}$$

A ce stade, il faut faire intervenir les données à l'équilibre. En effet, à l'équilibre la vitesse est nulle donc

$$k_1(1-x_e)^2 - \frac{k_2}{4}x_e^2 = 0$$

$$\frac{k_2}{4} = k_1\left(\frac{1}{x_e} - 1\right)^2$$

en remplaçant dans l'équation précédente, on obtient :

$$dx = k_1\left[(1-x)^2 - \left(\frac{1}{x_e} - 1\right)^2 x^2\right]\frac{dt}{V}$$

$$dx = \frac{k_1}{V}\left(1 + \left(\frac{1}{x_e} - 2\right)x\right)\left(1 - \frac{x}{x_e}\right)dt$$

en remplaçant par $x_e = 0,2$, on obtient :

$$\frac{dx}{(1+3x)(1-5x)} = \frac{k_1}{V}\,dt \qquad \text{avec} \qquad \boxed{A=5,\ B=3,\ C=\frac{k_1}{V}}$$

3°) - L'équation peut s'écrire :

$$\frac{1}{8}\left(\frac{3}{1+3x} + \frac{5}{1-5x}\right) dx = \frac{k_1}{V}\,dt$$

$$\ln\left(\frac{1+3x}{1-5x}\right) = \frac{8k_1}{V}t + cte$$

à $t=0$, $x=0$ donc la constante est nulle et $\boxed{\ln\left(\frac{1+3x}{1-5x}\right) = \frac{8k_1}{V}t}$

le tableau suivant donne les calculs à effectuer :

t min	x moles	$\ln\left(\frac{1+3x}{1-5x}\right)$	$\frac{1}{t}\ln\left(\frac{1+3x}{1-5x}\right)$ en min^{-1}
60	0,028	0,2315	$3,858.10^{-3}$
120	0,054	0,4648	$3,874.10^{-3}$
240	0,098	0,9311	$3,879.10^{-3}$
		moyenne :	$3,870.10^{-3}$ min^{-1}

donc $\frac{8k_1}{V} = 3,87$

$k_1 = 10,84$ $mol^{-1}.L.min^{-1}$
$k_1 = 0,18$ $mol^{-1}.L.s^{-1}$

4°). Comme on l'a vu, les conditions d'équilibre donnent :
$k_2 = 4k_1\left(\frac{1}{x_e} - 1\right)$ donc $k_2 = 16\,k_1$
$k_2 = 2,88$ $mol^{-1}.L.s^{-1}$

IV. Précipitation et acidité

1°) - Une analyse qualitative rapide permet de bien cerner le problème : On part d'une solution saturée d'éthanoate d'argent, ce qui signifie qu'une partie de l'éthanoate est précipité, l'autre est en solution ; les deux étant en équilibre selon :

$$CH_3COO^- + Ag^+ \rightleftharpoons CH_3COOAg\downarrow$$

Mais en solution, l'acide éthanoïque n'est pas seulement sous forme éthanoate puisqu'il existe l'équilibre acidobasique :

$$CH_3COOH + H_2O \rightleftharpoons CH_3COO^- + H^+_{aq}$$

qui a tendance à se situer vers la gauche puisque l'acide acétique est un acide faible, et que l'on rajoute en plus des ions H^+_{aq} par l'intermédiaire de l'acide fort.

La solubilité (= nombre de moles d'éthanoate d'argent dissout) peut donc s'exprimer de deux manières :

$s = [Ag^+]$
$s = [CH_3COO^-] + [CH_3COOH]$

on en tire :

$$s = [CH_3COO^-]\left(1 + \frac{[CH_3COOH]}{[CH_3COO^-]}\right)$$

or $Ks = [CH_3COO^-][Ag^+]$

$Ks = [CH_3COO^-].s$

et $Ka = \dfrac{[H^+aq][CH_3COO^-]}{[CH_3COOH]}$

d'où $s = \dfrac{Ks}{s}\left(1 + \dfrac{[H^+aq]}{Ka}\right)$

$$\boxed{s = \left[Ks\left(1 + \frac{[H^+aq]}{Ka}\right)\right]^{1/2}}$$

2°)- On trace la courbe $s^2 = f([H^+aq])$

pH	5	4,52	4,30	4,15
$[H^+aq]$ mol.l^{-1}	10^{-5}	$3,02.10^{-5}$	$5,01.10^{-5}$	$7,08.10^{-5}$
s^2 mol^2.l^{-2}	$6,64.10^{-3}$	$11,236.10^{-3}$	$15,88.10^{-3}$	$20,45.10^{-3}$

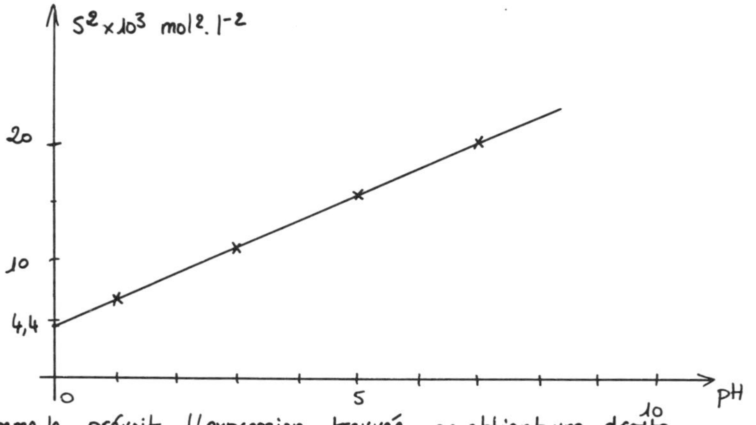

Comme le prévoit l'expression trouvée, on obtient une droite.

Sa pente est : 227 mol.l^{-1}

son ordonnée à l'origine : $4,2.10^{-3}$ mol^2 l^{-2}

$$s^2 = 4,4.10^{-3} + 227\,[H^+aq]$$

en comparant avec :

$$s^2 = Ks + \frac{Ks}{Ka}[H^+aq]$$

on obtient $\boxed{Ks = 4,4.10^{-3}\ \text{mol}^2\,\text{l}^{-2}}$ et $\dfrac{Ks}{Ka} = 227$ mol.l^{-1}

soit $\boxed{Ka = 1,94.\ \text{mol.l}^{-1}}$

Centrale/Sup'Élec 85 — **Option M**

I Équilibre du brome et de ses dérivés en solution aqueuse à 298 K
II Diagramme potentiel, pH simplifié du Br_2
III Réactivité du brome-2 butane (chimie organique, cinétique)

Durée : 3H

Les valeurs numériques nécessaires à la solution sont rassemblées à la fin de l'énoncé.

I. Equilibres du brome et de ses dérivés en solution aqueuse à 298 K.

Les potentiels chimiques standard des ions bromures dissous dans l'eau ($Br^-(aq)$), du brome dissous ($Br_2(aq)$), du brome liquide ($Br_2(\ell)$), du brome gazeux ($Br_2(g)$), et des ions tribromures ($Br_3^-(aq)$) sont rassemblés dans le tableau (I).

1°) Rappeler succintement la signification précise de l'indice zéro présent dans $\mu°$.

2°) Après avoir explicité l'expression du potentiel chimique d'un constituant chimique en solution, rétablir la loi d'action de masse pour l'équilibre homogène, en solution aqueuse, des espèces dérivées du brome ($Br_2(aq)$, $Br^-(aq)$, $Br_3^-(aq)$) .

3°) Calculer numériquement la constante de l'équilibre précédent.

4°) a- Quel est l'état standard du brome ?

b- Quel est, dans les mêmes conditions de température et de pression, l'état standard pour
1) le chlore
2) le carbone
3) l'hélium
4) le soufre
5) l'iode.

c- Une solution aqueuse contient du bromure de potassium à la concentration molaire volumique de 1 $mol.l^{-1}$. On lui ajoute un excès de brome liquide, calculer alors les concentrations en brome, bromure, tribromure, ainsi que la pression du brome gazeux. (On ne tiendra pas compte de la présence hypothétique des états d'oxydation (+ I) et (+ V) du brome).

d- Que se passerait-il si l'on imposait une pression de brome gazeux égale à 1 atmosphère ?

II. Tracé du diagramme potentiel-pH simplifié du brome

1°) Calculer le potentiel standard du couple $Br_2(\ell)/Br^-(aq)$.

2°) a- Ecrire la réaction de dismutation de l'acide hypobromeux (HBrO) en brome et en acide bromique ($HBrO_3$).

b- Calculer la constante relative à cette réaction et discuter la stabilité du degré (+ I) du brome en solution aqueuse.

3°) Tracer le diagramme, en ne faisant intervenir que les espèces présentes dans le tableau (II) à condition qu'elles soient stables.

4°) Comparer les propriétés oxydantes et la stabilité respectives du chlore et du brome en solution aqueuse.

5°) Peut-on obtenir du brome par oxydation des ions bromure par les ions dichromate à pH = 0 ? On donne $E°(Cr_2O_7^{2-}/Cr^{3+}) = 1,33$ V. Ecrire la réaction correspondante.

III. Réactivité du bromo-2 butane

A - 1°) a- Donner un mécanisme plausible d'obtention du bromo-2 butane à partir d'un mélange gazeux de brome et de butane.

b- Quel(s) produit(s) monobromé(s) peut-on obtenir par action du brome sur le méthyl-2 butane.

2°) On ajoute de la soude à une solution de bromo-3 méthyl-3 hexane dans l'éthanol

a) Comment évolue le mélange ?
b) Quelle est l'influence de la température ?
c) La réaction vous semble-t-elle stéréospécifique ?
d) Par quelle(s) méthode(s) expérimentale(s) peut-on suivre l'évolution du mélange réactionnel ?

3°) Une solution contient 3.10^{-2} mol. l^{-1} de bromoéthane et 7.10^{-2} mol. l^{-1} de soude

Le tableau (III) indique, pour diverses durées de réaction, le volume V d'une solution 0,05 mol. l^{-1} d'acide chlorhydrique nécessaire pour neutraliser un prélèvement de 10 cm^3 du mélange réactionnel ?

a) Quel est l'ordre de la réaction ?
b) Cet ordre était-il prévisible d'après les conditions réactionnelles ?
c) Calculer la constante de vitesse.

B - On fait agir une solution de bromo-2 butane en solution dans le dioxyde d'éthyle sur du magnésium en quantité stoechiométrique. Il se forme un produit (A), une solution de méthanal est ensuite ajoutée lentement.

1°) Quel produit (B) obtient-on ? Comment doit-on opérer pour isoler un alcool (C) ? Nommer cet alcool.

2°) La formation de l'alcool s'accompagne de la formation d'un précipité d'hydroxyde de magnésium ; comment peut-on réaliser sa dissolution ?

3°) Décrire un procédé analogue permettant de préparer du pentanol-1.

DONNEES

Tableau (I)

	Br^- (aq)	Br_3^- (aq)	Br_2 (aq)	Br_2 (ℓ)	Br_2 (g)
$\mu°$ J.mol^{-1}	-102840	-105755	4088	0	3143

Tableau (II)

Couple	Br_2(aq) / Br^-(aq)	HBrO(aq) / Br_2(aq)	$HBrO_3$(aq) / Br_2(aq)
Potentiel normal (en V)	1,087	1,574	1,479

pK_a ($HBrO_3$ / BrO_3^-) = 0,7 pK_a (HBrO / BrO^-) = 8,7

Tableau (III)

t(heures)	0,5	1	2	4
V(cm^3)	12,84	11,98	10,78	9,48

On donne R = 8,32 J.K^{-1} mol^{-1}
F = 96500 C

I. Equilibre du brome et de ses dérivés à 298 K.

1°) – L'indice zéro présent dans $\mu°$ indique que $\mu°$ correspond au potentiel chimique <u>standard</u>:
Sous une pression P° = 1 atm et à la température T, c'est le potentiel chimique tel que l'activité de l'élement soit égale à 1.
– $\mu°$ est une fonction de T.

2°) – $\mu_i(T,p) = \mu_i^\circ(T) + RT \ln a_i$ T en Kelvin, P en atm

a_i = activité de l'élement i.

En solution, a_i vaut $a_i = \gamma_i x_i$ γ_i = coéfficient d'activité
x_i = fraction molaire

Si i est un soluté d'une solution diluée :
$a_i = c_i$ avec c_i = concentration en $mol.L^{-1}$.

– l'équilibre est le suivant :

$$Br_2\,aq + Br^-\,aq \rightleftharpoons Br_3^-\,aq$$

$$\Delta G = \sum_i \nu_i \mu_i = \sum_i \nu_i \mu_i^\circ + RT \sum_i \nu_i \ln a_i$$

d'où $\Delta G = \Delta G^\circ + RT \ln \dfrac{a_{Br_3^-\,aq}}{a_{Br_2 aq}\, a_{Br^- aq}}$

avec $\Delta G^\circ = \sum \nu_i \mu_i^\circ = \mu_i^\circ{}_{Br_3^-} - \mu_i^\circ{}_{Br_2} - \mu_i^\circ{}_{Br^-}$

– A l'équilibre : $\Delta G = 0$ d'où $-\dfrac{\Delta G^\circ}{RT} = \ln \dfrac{a_{Br_3^-}}{a_{Br_2} a_{Br^-}}$

donc $\boxed{-\dfrac{\Delta G^\circ}{RT} = \ln K(T)}$

3°) – A 298 K, $\Delta G^\circ = -105{,}755.10^3 - (4{,}088.10^3 - 102{,}840.10^3)$

$\boxed{\Delta G^\circ = -7{,}003.10^3 \text{ J.mol}^{-1}}$

$\ln K_1 = -\dfrac{\Delta G^\circ}{RT}$ d'où $K_1 = e^{-\frac{\Delta G^\circ}{RT}} = e^{+\frac{7{,}003.10^3}{8{,}32 \times 298}}$

$\boxed{K_1 = 16{,}85}$

4°) – a – L'état standard du brome est liquide (à 298 K), dans les mêmes conditions de pression et température.

b – 1) Le chlore est gazeux (verdâtre).
2) le carbone est un solide (noir).
3) L'hélium est un gaz.
4) le soufre est un solide (jaune).
5) L'iode est un solide (paillettes violettes).

c –

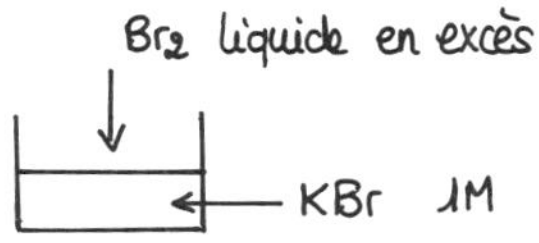

$$Br^-\,aq + Br_2\,aq \underset{}{\overset{K_1}{\rightleftharpoons}} Br_3^-\,aq$$

$$Br_2\,\ell \underset{K_2}{\rightleftharpoons} Br_2\,g$$

$$Br_2\,aq \underset{K_3}{\rightleftharpoons} Br_2\,\ell$$

Calculons K_2 : $\Delta G = \Delta G^\circ + RT \ln \dfrac{a_{Br_2 g}}{a_{Br_2 \ell}}$ et $-\dfrac{\Delta G^\circ}{RT} = \ln K_2$

et $\Delta G^\circ = \mu^\circ{}_{Br_2 g} - \mu^\circ{}_{Br_2 \ell} = 3{,}143.10^3 \text{ J.mol}^{-1}$

$K_2 = 0{,}281$ et $K_2 = \dfrac{P_{Br_2 g}}{a_{Br_2 \ell}} = P_{Br_2 g}$ d'où $\boxed{P_{Br_2 g} = 0{,}281 \text{ atm}}$

$$Br^-_{aq} + Br_{2\,aq} \rightleftharpoons Br_3^-{}_{aq}$$

1

$1 - x$ $\qquad\qquad x$

et $K_1 = \dfrac{[Br_3^-]}{[Br^-_{aq}][Br_{2\,aq}]}$ d'où $K_1 = \dfrac{x}{(1-x)\,[Br_{2\,aq}]}$ avec $x = [Br_3^-{}_{aq}]$

on a l'équilibre: $Br_2\,\ell \underset{K}{\rightleftharpoons} Br_{2\,aq}$

$\Delta G° = \mu_i° \, Br_{2\,aq} = 4{,}088 . 10^3$ M et $K = e^{-\frac{\Delta G°}{RT}} = 0{,}192$

d'où $K = [Br_{2\,aq}] = 0{,}192$

on a donc $K_1 = \dfrac{x}{(1-x) \times 0{,}192} = 16{,}85$ d'où $\dfrac{x}{1-x} = 0{,}192 \times 16{,}85$

$$(1 + 0{,}192 \times 16{,}85)\,x = 0{,}192 \times 16{,}85$$

donc $\boxed{\begin{array}{l} x = 0{,}764 \text{ Mol.L}^{-1} = [Br_3^-] \\ 1-x = 0{,}236 \text{ mol.L}^{-1} = [Br^-_{aq}] \end{array}}$

on a donc: $\boxed{\begin{array}{l} [Br^-]_{aq} = 0{,}236 \text{ mol.L}^{-1} \\ [Br_3^-]_{aq} = 0{,}764 \text{ mol.L}^{-1} \\ [Br_2]_{aq} = 0{,}192 \text{ mol.L}^{-1} \end{array}}$ et P_{Br_2} = atm

d. Si on impose $P_{Br_2} = 1$ atm, alors l'équilibre $Br_2\,\ell \rightleftharpoons Br_{2\,aq}$ n'est pas établi, car tout le $Br_2\,\ell$ est vaporisé. [$1 \text{ atm} = P_{Br_2} > P_{Br_2\,éq}$]. L'équilibre (1) ne peut avoir lieu.

II. Degrés d'oxydation du brome.

$-I$	0	$+I$	$+V$
Br^-_{aq}	$Br_{2\,aq}$, $Br_2\,\ell$, $Br_2\,g$	$HBrO$, BrO^-	$HBrO_3$, BrO_3^-

1°).
$$\begin{cases} 2e^- + Br_{2\,aq} \overset{\Delta G_1°}{\rightleftharpoons} Br^-_{aq} & \Delta G_1° = -2\mathcal{F} E°_{Br_{2\,aq}/Br^-_{aq}} \\ Br_2\,\ell \underset{\Delta t_0}{\overset{\Delta G'°}{\rightleftharpoons}} Br_2\,aq & \Delta G'° = -RT\ln K \end{cases}$$

$K = 0{,}192$ (calculé au 1°))

d'où $2e^- + Br_2\,\ell \overset{\Delta G°}{\rightleftharpoons} Br^-_{aq}$

$$\Delta G° = \Delta G_1° + \Delta G'° = -2\mathcal{F}E_1° - RT\ln K$$

et $\Delta G° = -2\mathcal{F} E°_{Br_2\ell/Br^-_{aq}}$

d'où $\boxed{E°_{Br_2\ell/Br^-_{aq}} = E_1° + \dfrac{RT}{2\mathcal{F}} \ln K = 1{,}066 \text{ V}}$

2°) a- pH < 0,7

$$\begin{cases} 2e^- + 2H^+ + 2\,HBrO \overset{\Delta G_2^\circ}{\rightleftharpoons} Br_2 + 2H_2O & (\times 2) \\ 2H_2O + HBrO \overset{\Delta G'^\circ_4}{\rightleftharpoons} HBrO_3 + 4H^+ + 4e^- \end{cases}$$

$$\boxed{5\,HBrO \overset{K}{\rightleftharpoons} HBrO_3 + 2Br_2 + 2H_2O}$$

b- $K = \dfrac{[HBrO_3][Br_2]^2}{[HBrO]^5}$

$\ln K = -\dfrac{\Delta G^\circ}{RT}$ or $\Delta G^\circ = 2\,\Delta G_2^\circ + \Delta G'^\circ_4$

$\Delta G'_4 = -\Delta G^\circ_4 = +4\,\mathcal{F}\,E^\circ_{HBrO_3/HBrO}$ ($= E_4^\circ$)

Calcul de E_4° :

$$2e^- + 2H^+ + 2HBrO \overset{\Delta G_2^\circ}{\rightleftharpoons} Br_2 + 2H_2O$$

$$10e^- + 10H^+ + 2HBrO_3 \overset{\Delta G_3^\circ}{\rightleftharpoons} Br_2 + 6H_2O$$

$$4e^- + 4H^+ + HBrO_3 \overset{\Delta G_4^\circ}{\rightleftharpoons} HBrO + 2H_2O$$

donc on a $\Delta G_4^\circ = \dfrac{1}{2}(\Delta G_3^\circ - \Delta G_2^\circ)$

c'est-à-dire $-4\mathcal{F}E_4^\circ = \dfrac{1}{2}(-10\mathcal{F}E_3^\circ + 2\mathcal{F}E_2^\circ)$

d'où $E_4^\circ = \dfrac{1}{4}(5E_3^\circ - E_2^\circ)$ c'est-à-dire $\boxed{E_4^\circ = 1{,}455\,V}$

et donc $\Delta G^\circ = -4\mathcal{F}E_2^\circ + 4\mathcal{F}E_4^\circ$

$\ln K = -\dfrac{\Delta G^\circ}{RT} = \dfrac{4\mathcal{F}}{RT}(E_2^\circ - E_4^\circ)$ $\boxed{K = 1{,}11.10^8}$

pH < 0,7 : la réaction de dismutation est totale.

• pH > 0,7 et pH < 8,7 :
$HBrO_3$ n'est plus prédominant, c'est BrO_3^- qui prédomine.

$$5\,HBrO \overset{K'}{\rightleftharpoons} BrO_3^- + H^+ + 2Br_2 + 2H_2O$$

$$K' = \frac{[BrO_3^-][H^+][Br_2]^2}{[HBrO]^5} = K \times \frac{[BrO_3^-][H^+]}{[HBrO_3]} = K \times Ka$$

$K' = 1{,}11.10^8 \times 10^{-0{,}7} = 2{,}21.10^7$ toujours quantitatif.

• pH > 8,7 :

$$4H^+ + 5BrO^- \overset{K''}{\rightleftharpoons} BrO_3^- + 2Br_2 + 2H_2O$$

$$K'' = \frac{[BrO_3^-][Br_2]^2}{[BrO^-]^5[H^+]^4} = \frac{[BrO_3^-][Br_2]^2[H^+]}{[HBrO]^5} \times \frac{[HBrO]^5}{[BrO^-]^5[H^+]^5}$$

d'où $K'' = \dfrac{K'}{(Ka_2)^5} = \dfrac{2{,}21.10^7}{(10^{-8{,}7})^5}$ c'est-à-dire $\boxed{K'' = 6{,}99.10^{50}}$

Le degré d'oxydation +I du brome n'est donc pas stable dans l'eau.
les concentrations sont prises égales à 1 mol.L⁻¹ (rien n'est précisé dans l'énoncé !) : quand elles ne sont pas déterminées par les données d'équilibre.

3°)_

• Br_2 / Br^- : $2e^- + Br_2 \rightleftharpoons 2Br^-$

$$E_1 = E_1° + \frac{0,059}{2} \log \frac{[Br_2]}{[Br^-]^2}$$

avec $[Br_{2aq}] = 0,192 \text{ mol.L}^{-1}$ et $[Br^-] = 0,236 \text{ mol.L}^{-1}$

on obtient : $\boxed{E_1 = 1,103 V}$

• $HBrO_3 / Br_2$:

$$10e^- + 10H^+ + 2HBrO_3 \rightleftharpoons Br_2 + 6H_2O$$

$$E_3 = E_3° + \frac{0,059}{10} \log \frac{[HBrO_3]^2 [H^+]^{10}}{[Br_2]}$$

d'où $\boxed{E_3 = 1,483 V}$ pour $pH < 0,7$

Pour $pH > 0,7$: $10e^- + 12H^+ + 2BrO_3^- \rightleftharpoons Br_2 + 6H_2O$

$$E_3 = E_3° + \frac{0,059}{10} \log \frac{[BrO_3^-]^2 [H^+]^2}{Ka^2} \frac{[H^+]^{10}}{[Br_2]}$$

$$E_3 = E_3° + \frac{0,059}{10} \times 2pKa - 0,059 \times \frac{12}{10} pH$$

$$E_3 = E'_3° - 0,071 \, pH$$

d'où. $\boxed{E_3 = 1,487 - 0,071 pH}$ pour $pH > 0,7$

<u>Remarque</u>: pour $pH > 5,408$, on a $E_3 < E_1$ ce qui est "normalement" impossible : il y a donc une autre dismutation qui intervient : celle du d°0 : Br_2.

$$1,487 - 0,071 \, pH = 1,103$$

$$pH = 5,408$$

On a donc, à partir de $pH > 5,408$ une frontière entre le d°-I et le d°+V.

• BrO_3^- / Br^- $\quad 6e^- + 6H^+ + BrO_3^- \overset{\Delta G_4°}{\rightleftharpoons} Br^- + 3H_2O$

$$\begin{cases} 2e^- + Br_2 \rightleftharpoons 2Br^- & \Delta G_1° \\ 10e^- + 12H^+ + 2BrO_3^- \rightleftharpoons Br_2 + 6H_2O & \Delta G'_3° \end{cases}$$

$$\Delta G_4° = \frac{1}{2} (\Delta G_1° + \Delta G'°_3) \quad \text{d'où} \quad -6 \mathcal{F} E_4° = \frac{1}{2}(-2 \mathcal{F} E_1° + 10 \mathcal{F} E'_3°)$$

donc $E_4° = 1,420 V$

$pH > 5,408$, on a donc $E = E_4° + \dfrac{0,059}{6} \log \dfrac{[H^+]^6 [BrO_3^-]}{[Br^-]}$

$\boxed{E = 1,420 - 0,059 \, pH}$

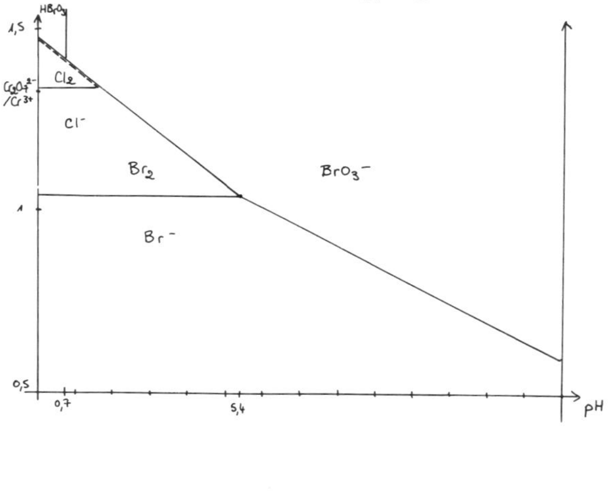

4°) Le chlore est un oxydant plus fort que le brome.
$E^\circ_{Cl_2/Cl^-} = 1{,}36\ V$ contre $1{,}103\ V$ pour le brome.
$E^\circ_{Cl_3^-/Cl_2} = 1{,}47\ V$
On peut positionner le Cl_2 sur le diagramme : le domaine de stabilité est moindre mais le Cl_2 est plus oxydant. La dismutation intervient pour un $pH \simeq 1{,}8-2$.

5°).

$$2e^- + Br \rightleftharpoons 2Br^-$$

$$6e^- + 14H^+ + Cr_2O_7^{2-} \rightleftharpoons 2Cr^{3+} + 7H_2O$$

$$\boxed{6Br^- + Cr_2O_7^{2-} + 14H^+ \rightleftharpoons 3Br_2 + 2Cr^{3+} + 7H_2O}$$

A pH = 0, la réaction est possible thermodynamiquement.
(il n'y a pas de domaine commun entre $Cr_2O_7^{2-}$ et Br^- jusqu'à pH = 14 donc la réaction est possible jusqu'à pH = 14 !).

III. Réactivité du bromo-2 butane.

A. 1°) a.

$$CH_3-CH_2-CH_2-CH_3 + Br_2 \xrightarrow{UV} CH_3-\underset{Br}{CH}-CH_2-CH_3$$

initiation : $Br_2 \underset{h\nu}{\overset{UV}{\rightleftharpoons}} 2Br\bullet$

propagation : $Br^\bullet + CH_3-CH_2-CH_2-CH_3 \longrightarrow CH_3-CH^\bullet-CH_2-CH_3 + HBr$
$CH_3-CH^\bullet-CH_2-CH_3 + Br_2 \longrightarrow Br^\bullet + CH_3-\underset{Br}{CH}-CH_2-CH_3$

Terminaison : $2Br\bullet \xrightarrow{(M)} Br_2$ par exemple
M représente une troisième molécule (de la paroi du récipient par exemple).

b).

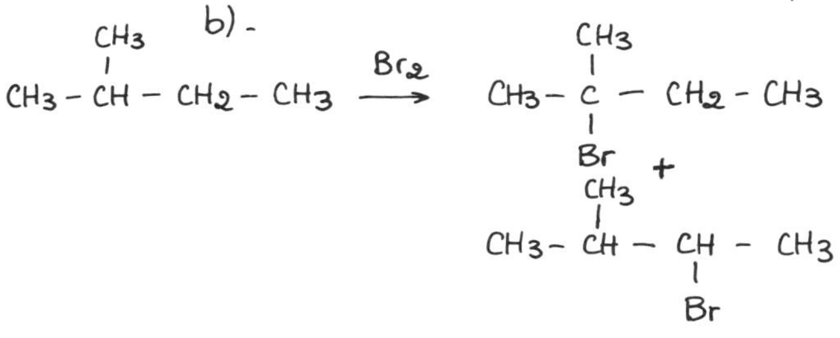

principalement.

2°).

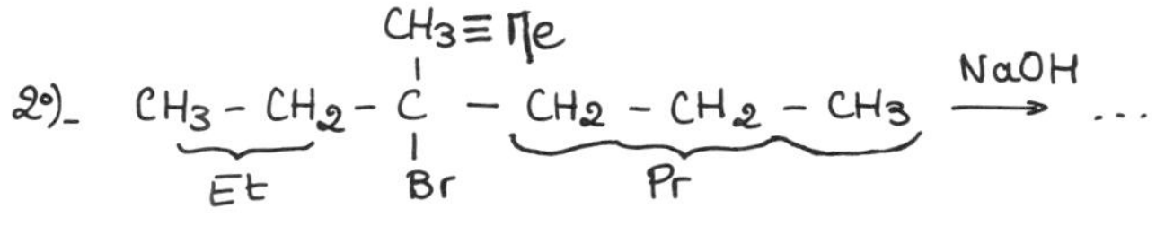

a). Il y a deux réactions possibles :
soit une substitution nucléophile selon SN_1 :

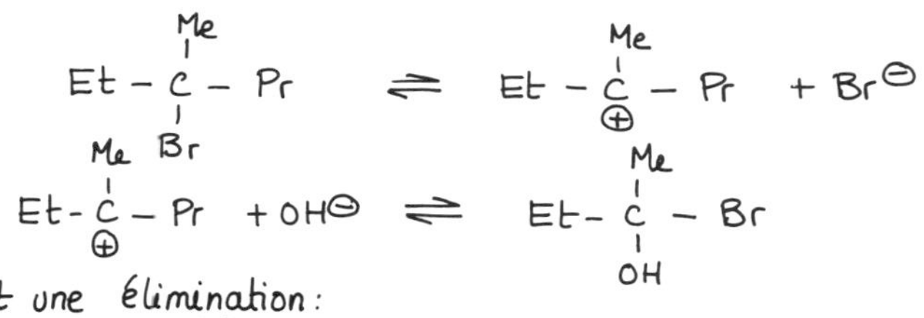

soit une élimination :

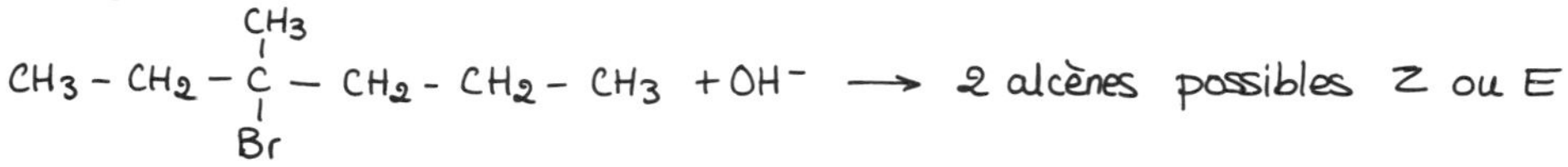

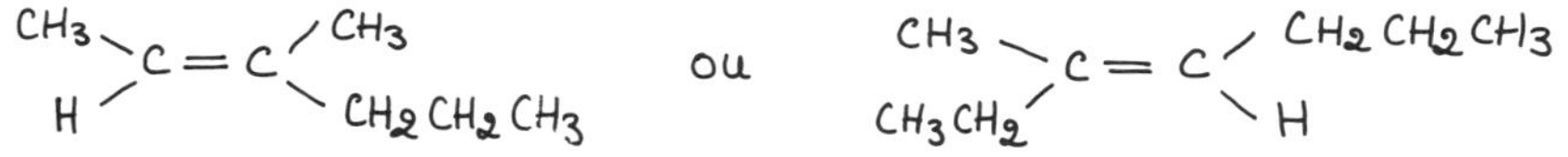

b)- Si on augmente la température, on favorise l'élimination.
c)- Non, car on passe par un carbocation plan.
d)- Mesure du pH : OH^- disparait.

3°)-

	EtBr	+ OH^-
à $t=0$	3.10^{-2}	7.10^{-2}
à t qc	$3.10^{-2}-x$	$7.10^{-2}-x$

à la date t : $(7.10^{-2}-x)\times 10 = 0{,}05\times V$

$$C_{OH^-} = 5.10^{-3}V = 7.10^{-2}-x$$

Solution à la date t_o

à la date t : $C_{EtBr} = 3.10^{-2}-x = 3.10^{-2}+5.10^{-3}V-7.10^{-2}$

$$C_{EtBr} = 5.10^{-3}V - 4.10^{-2}$$

$$v = -\frac{d[OH^-]}{dt} = \frac{dx}{dt} = -5.10^{-3}\frac{dV}{dt}$$

a) si la réaction est d'ordre 2 :

$$v = k\,[EtBr][OH^-] = k\,(5.10^{-3}V - 4.10^{-2})(5.10^{-3}V)$$

on a donc $-\frac{dV}{dt} = k\left(V - \frac{4.10^{-2}}{5.10^{-3}}\right)V$ avec k = constante de vitesse de la réaction

$$-\frac{dV}{(V-8)V} = k\,dt$$

$$-\frac{1}{8}\,dV\left(\frac{1}{V-8} - \frac{1}{V}\right) = k\,dt$$

$$-\frac{1}{8}\left(\ln\frac{V-8}{V_o-8} - \ln\frac{V}{V_o}\right) = kt$$

$$\ln\frac{V-8}{V_o-8}\times\frac{V_o}{V} = -8kt$$

V_o : on a $C_{OH^-} = 7.10^{-2}$ d'où $5.10^{-2}\times V_o = 7.10^{-2}\times 10$

$\underline{V_o = 14\ ml}$

$$\ln\frac{V}{V-8} = 8kt + 0{,}847$$

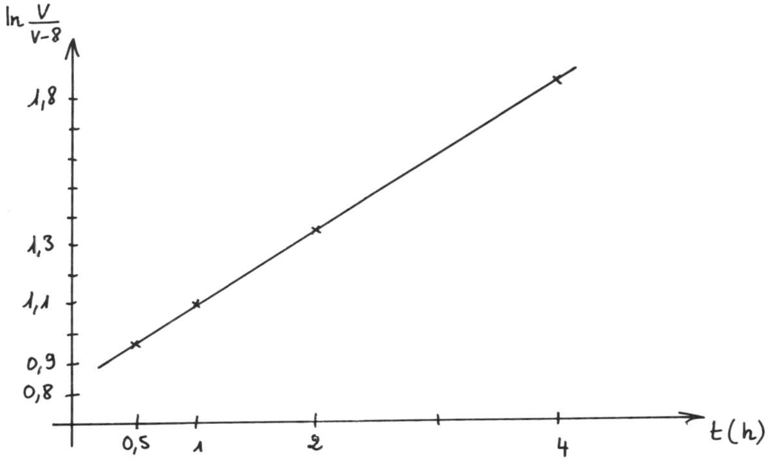

On trace $\ln \frac{V}{V-8} = f(t)$: pente $= K$: $K = 8k$

tableau de valeurs :

t (h)	0,5	1	2	4
$\ln \frac{V}{V-8}$	0,973	1,102	1,356	1,856

La constante de vitesse est donc : $k = \frac{K}{8}$

b) Oui, en utilisant plus de soude que les conditions stoechiométriques et en partant d'un dérivé bromé primaire, on pouvait raisonnablement s'attendre à avoir une réaction d'ordre 2.

c)- $v = k\,[EtBr][OH^-]$

$k = \frac{K}{8}$ $K \simeq 0{,}251\ mol^{-1}.l.h^{-1}$ d'où $k = 3{,}14.10^{-2}\ mol^{-1}.l.h^{-1}$

B-

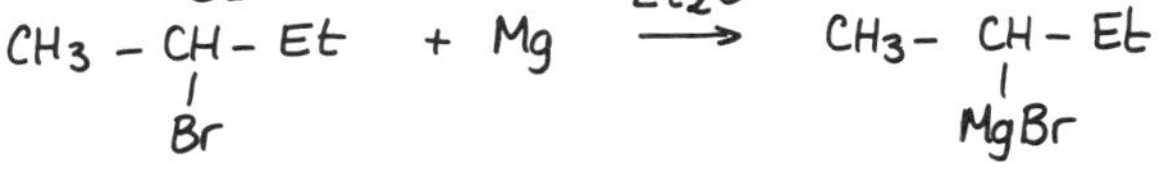

(A)

1°)- On ajoute, lentement, ensuite une solution d'éthanal

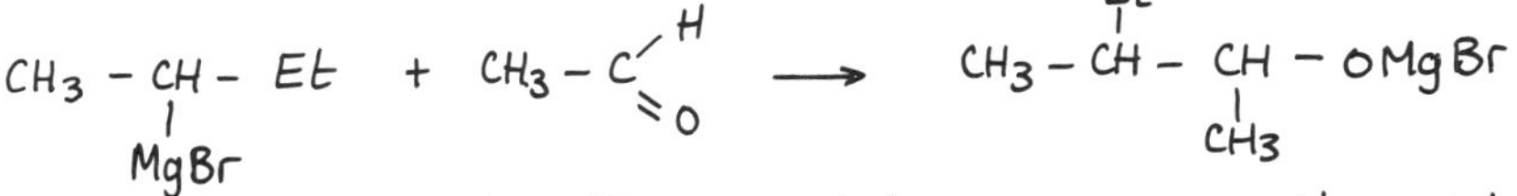

(B)

Pour obtenir l'alcool, il suffit d'hydrolyser avec un acide pas trop fort tel que HCl dilué :

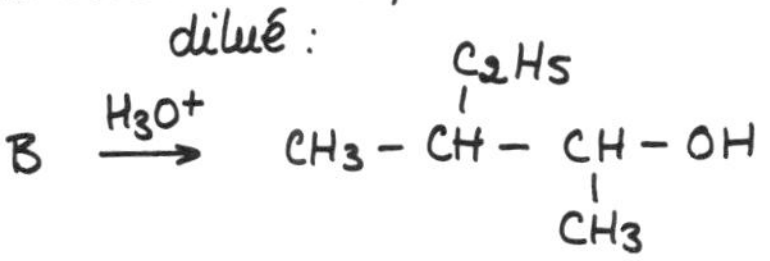

méthyl3 pentanol 2 $+ \frac{1}{2} Mg(OH)_2 + \frac{1}{2} MgBr_2$

2°)- $MgBr_2$ est soluble-
$Mg(OH)_2$ se dissout en milieu acide-

3°)-
bromo 2 butane 1

$$\underbrace{CH_3 - CH_2 - CH_2 - CH_2}_{R}Br \xrightarrow[+ Mg]{Et_2O} RMgBr$$

$$RMgBr + H_2C{=}O \longrightarrow R - CH_2OMgBr$$

$$R - CH_2OMgBr \xrightarrow[+ H_2O]{HCl \text{ dilué}} RH_3 - (CH_2)_3 - CH_2OH + 1/2\, MgBr_2 + 1/2\, Mg(OH)_2$$

Exercices corrigés de Mathématiques

(options M-M', P-P')

posés aux concours de Polytechnique, Mines/Ponts et Centrale/Sup'Élec

Thierry Lunati,
Jérôme Dupont de Dinechin,
Jean-Marc Voelckel

Le principal intérêt de cet ouvrage réside dans les exercices qu'il contient, aussi nous vous conseillons de vous y reporter au plus vite. Néanmoins, les conseils suivants ne sont pas superflus.

Il est inutile de souligner l'intérêt que l'on peut avoir à s'entraîner sur des exercices posés aux grands concours. Ce recueil offre un panorama complet des exercices en vogue. Les solutions proposées sont détaillées, de façon à faire ressortir les idées mises en jeu dans le raisonnement. Cet ouvrage aborde l'ensemble du programme, et expose des techniques de résolution qui se révèlent toujours payantes à l'oral. Il contient par ailleurs des compléments de cours importants qui fournissent matière à de nombreux exercices.

Chaque chapitre contient quelques exercices de difficulté moyenne, qui constituent des applications directes du cours. D'un niveau général élevé, cet ouvrage n'est pas uniquement destiné aux M'. Deux solutions sont parfois proposées pour les exercices difficiles; l'une s'appuyant sur les résultats du cours M', la seconde, moins périlleuse, faisant appel à des connaissances moins étendues.

Enfin, n'hésitez pas à passer un certain temps sur chaque exercice plutôt que de passer directement à la solution !

Nous vous serions tout ébaudis!

La prudence nous oblige donc à laisser la locution « exercices posés aux grands concours » dans les sfumatos de la pudeur scientifique...

A. Séries.
a/ Séries numériques.
b/ Séries entières et séries de fonctions.
B. Polynômes. Questions de continuité.
C. Topologie.
D. Algèbre linéaire.
E. Espaces vectoriels euclidiens et hermitiens.
F. Intégrales de Riemann, intégrales généralisées, intégrales de fonctions - Recherche d'équivalent.
G. Différentiabilité, équations différentielles, problème de Cauchy.
H. Géométrie.

192 pages 16,5 x 24,5 - ISBN 2-7298-8607-9 - 1986

Centrale/Sup'Élec 85 — **Option P'**

I Cours : électrolyses des solutions aqueuses de NaCl
II Spectaline et spectarine : chimie organique
III Cœfficient de partage

Durée : 3H

L'épreuve comporte trois parties indépendantes.

I. Question de cours :

Electrolyses des solutions aqueuses de chlorure de sodium.

Les candidats (es) sont invités (ées) à présenter cette question à l'aide d'un plan clair et précis ; on n'oubliera pas d'indiquer les conséquences industrielles des procédés décrits.

II. Synthèse totale de la spectaline et de la spectalinine :

La spectaline (molécule 1) et la spectalinine (molécule 2) sont deux composés extraits du *cassia spectabilis*, dont les structures sont les suivantes :

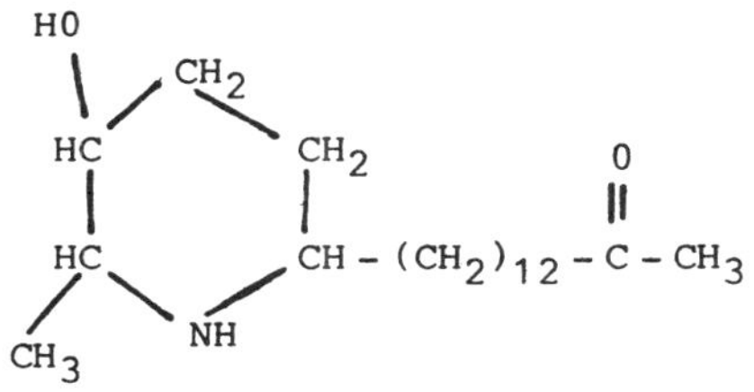

molécule 1

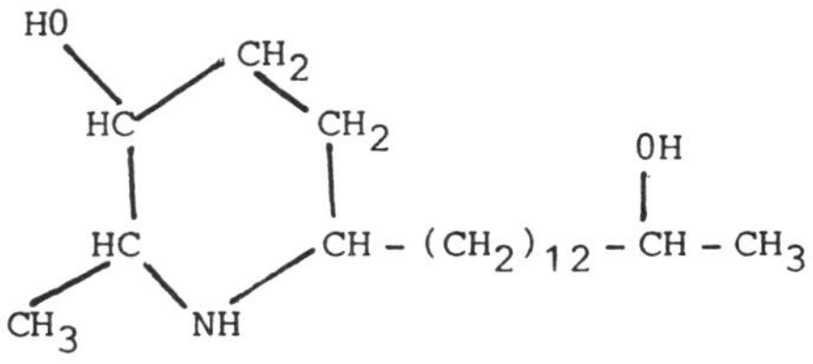

molécule 2

On se propose de réaliser la synthèse totale de la spectaline (1) à partir d'une dicétone (molécule 3), laquelle a été obtenue à partir du β céto-ester (molécule 4) :

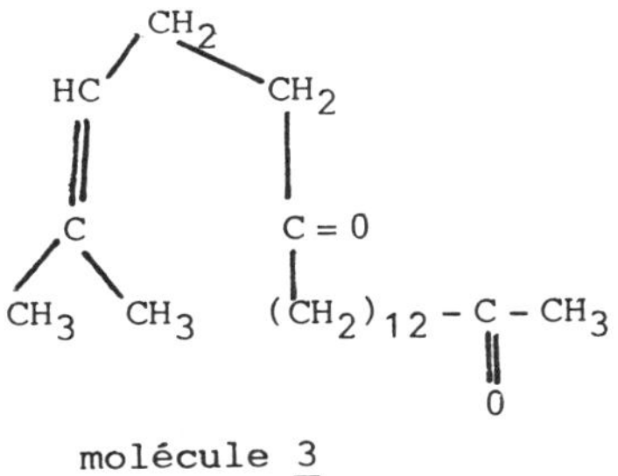

molécule 3

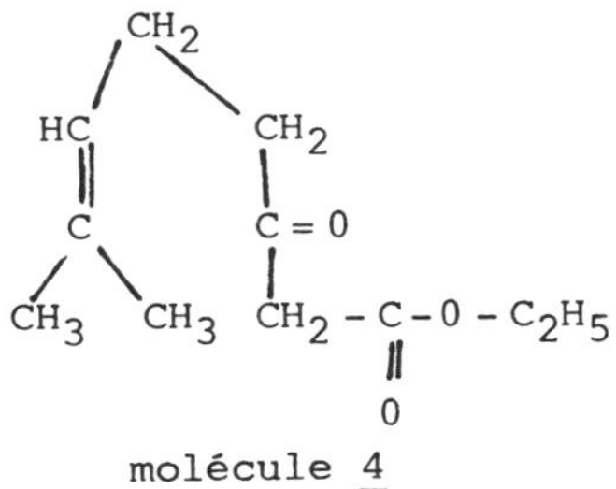

molécule 4

a) Le composé suivant ($CH_2 = CH - (CH_2)_9 - OH$) (molécule 5) est traité par le tribromure de phosphore dans le toluène, à reflux pendant 5 h, et conduit au composé 6 de formule brute ($C_{11}H_{21}Br$) :

- donner le nom officiel de 5.
- quelle est la formule développée plane de 6 ?
- pourquoi n'a-t-on pas utilisé l'acide bromhydrique en solution aqueuse pour réaliser le passage du composé 5 au composé 6 ?

b) Le composé 6 est traité par du magnésium dans de l'éther anhydre pour conduire à la molécule 7 ; on ajoute dans le mélange réactionnel une quantité équivalente d'éthanal et, après hydrolyse acide, on isole le produit 8 :

- donner la formule du composé intermédiaire 7.
- pourquoi utilise-t-on de l'éther anhydre ?
- quelle est la formule développée plane de 8 ?
- donner le schéma du mécanisme réactionnel pour réaliser le passage du composé 7 au composé 8.

c) Une oxydation sulfo-chromique du produit 8 conduit à la molécule 9 ($C_{13}H_{24}O$) dont le spectre infrarouge présente une bande d'absorption vers 1720 cm^{-1} :

- quelle est la formule développée plane de 9 ?

d) Le composé 9 traité par du bromure d'hydrogène dans le pentane, sous irradiation ultraviolette (ou en présence de peroxyde), donne un produit 10 :

- quelle est la formule développée de 10 ?
- donner le schéma réactionnel du mécanisme pour réaliser le passage de 9 à 10 ?
- justifier la régiosélectivité de la formation du composé 10.

e) Sachant que le composé 4 traité par de l'éthanolate de sodium dans l'éthanol conduit à l'anion 4a :

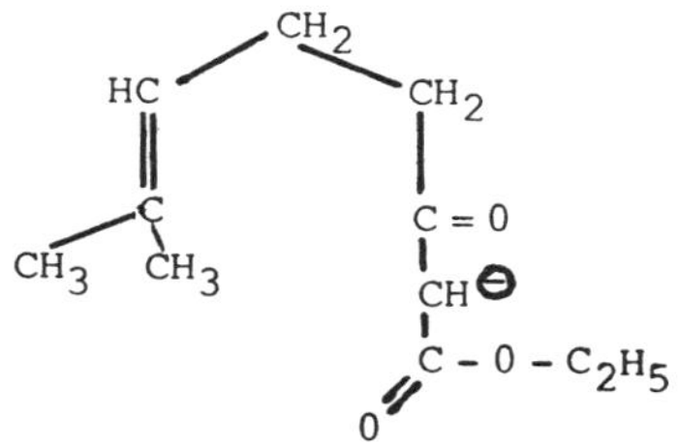

anion 4a

qui, en présence du composé 10 à reflux dans l'éthanol pendant 16 h, conduit à un composé 11 ($C_{24}H_{42}O_4$) :

- donner une interprétation de l'obtention régiosélective de l'anion 4a.
- quelle est la formule développée plane de 11 ?
- à quel type de réaction appartient le passage de 10 à 11 ?

f) Enfin, le composé 11, traité par une solution aqueuse d'hydroxyde de baryum pendant 24 h, subit une réaction de saponification, suivie d'une décarboxylation, pour conduire à la dicétone 3 :

- quel est le produit 11a intermédiaire formé par la seule réaction de saponification ?
- que signifient les mots "saponification" et "décarboxylation" ?

III. Déterminations de coefficients de partage. Applications

Dans tout le problème, les activités seront assimilées à des concentrations.

1°) Préliminaires :

Soit un soluté A dissous dans deux phases liquides (solvants 1 et 2) non miscibles et en contact entre elles. On admet, dans cette question préliminaire, que le soluté n'intervient que sous une seule forme dans chacun des deux solvants ; on désigne par P le rapport des concentrations du soluté dans chacune des deux phases ; P est encore appelé coefficient de partage du soluté A.

- Montrer à l'aide des potentiels chimiques que P reste constant pour des concentrations variables en soluté et qu'il ne dépend en fait que de la température.

2°) Partage de l'acide acétique entre l'eau et le cyclohexane :

On étudie le partage de l'acide acétique (ou éthanoïque), qu'on notera A, entre l'eau (notée w) et le cyclohexane (noté s) ; soient C_w la concentration de l'acide acétique mesurée dans l'eau et C_s celle mesurée dans le cyclohexane.

Les données expérimentales sont rassemblées dans le Tableau I :

Tableau I

Acide acétique/Eau/Cyclohexane : T = 25°C

Acide acétique : $K_A = 1{,}75.10^{-5}$

$C_w (mol.l^{-1})$	0,212	0,516	0,794	1,087	1,292
$10^3 . C_s (mol.l^{-1})$	0,32	1,24	2,58	4,49	6,18

a) Montrer que ces données indiquent que l'acide acétique présente une "affinité" plus grande pour l'eau que pour le cyclohexane ; proposer une interprétation qualitative de ce phénomène.

b) Tracer la courbe $C_w = f(C_s)$ et montrer que le coefficient de partage expérimental (noté $P_A$exp.), défini comme étant le rapport des concentrations en soluté dans les deux phases, n'est pas constant ($P_A\text{exp.} = \frac{C_w}{C_s}$)

c) On interprète cette "anomalie" par la formation d'un dimère A_2 en phase organique. On désigne alors par P_A vrai le coefficient de partage qui régit l'équilibre du monomère A entre les deux phases ; on note de plus $K_{d(A)}$ la constante de dimérisation de A en phase organique.

- proposer une justification qualitative de l'existence de A_2.
- montrer que, aux concentrations considérées, l'acide acétique en phase aqueuse se présente, quasi-uniquement, sous forme de monomère (non dissocié en ion acétate).
- établir l'équation qui relit : $P_A$exp., $P_A$vrai, $K_{d(A)}$ et C_w.
- en déduire les valeurs numériques de $P_A$vrai et de la constante $K_{d(A)}$ de dimérisation.

3°) Partage de l'acide monochloroacétique entre l'eau et le cyclohexane :

On effectue la même expérience avec l'acide monochloroacétique (B). Les résultats expérimentaux sont consignés dans le Tableau II.

Tableau II

Acide monochloroacétique/Eau/Cyclohexane : T = 25°C

Acide monochloroacétique : $K_A = 1,4 \cdot 10^{-3}$

$C_w(mol.l^{-1})$	0,842	1,133	1,500	1,787	2,143
$10^3.C_s(mol.l^{-1})$	0,639	0,964	1,463	1,916	2,550

a) Tracer de même $C_w = f(C_s)$

Conclusion ?

b) On admet de même l'existence d'un dimère B_2 en phase organique et on définit comme précédemment les coefficients de partage expérimentaux, vrais, et la constante de dimérisation $K_{d(B)}$.

- montrer que l'on doit tenir compte du coefficient α de dissociation ionique de l'acide B en phase aqueuse.
- établir la nouvelle équation reliant $P_B$exp., $P_B$vrai, $K_{d(B)}$, C_w, et α.

- en déduire les valeurs numériques de $P_B$vrai et $K_{d(B)}$ de l'acide monochloroacétique dans ces conditions.

4°) Comparaison du comportement des deux acides entre l'eau et le cyclohexane :

On considère maintenant les deux acides engagés ensemble et on étudie l'influence réciproque dans leurs partages entre la phase aqueuse et la phase organique ; on suppose que, en plus des dimères A_2 de l'acide acétique et B_2 de l'acide monochloroacétique, il existe un dimère mixte (A-B), résultant de l'association intermoléculaire de A et B. On admet, dans ce cas, qu'il est possible de doser séparément les solutés en phase aqueuse ou en phase organique.

On appelle $C_A(w)$, $C_B(w)$, $C_{tot}(s)$ respectivement la concentration de A en phase aqueuse, la concentration de B en phase aqueuse, la concentration totale des acides A et B en phase organique.

a) Il peut être intéressant d'introduire et de déterminer Z_A, la somme des concentrations dans la phase organique (s) du monomère A et du dimère A_2 qui seraient en équilibre avec la concentration actuelle en acide A ($C_A(w)$) dans la phase aqueuse (w) s'il intervenait seul ; de même on peut déterminer Z_B :

- Etablir alors la relation suivante que l'on notera relation (R) :

$$C_{tot}(s) - [Z_A(s) + Z_B(s)] = 2K_{d(A-B)} \cdot \frac{C_A(w)}{P_A\text{vrai}} \times \frac{(1-\alpha)\, C_B(w)}{P_B\text{vrai}}$$

où $K_{d(A-B)}$ représente la constante de dimérisation mixte résultant de l'association intermoléculaire de A et B dans le cyclohexane et où α est le coefficient de dissociation ionique de l'acide B en phase aqueuse.

b) Les données expérimentales du partage de l'acide acétique et de l'acide monochloroacétique dans l'eau et le cyclohexane sont consignées dans le tableau III :

Tableau III

Acide acétique/Acide monochloroacétique/Eau/Cyclohexane : T = 25 °C

$C_A(w)$ (mol.l^{-1})	0,218	0,276	0,337	0,400	0,450
$C_B(w)$ (mol.l^{-1})	1,029	1,303	1,599	1,887	2,118
$10^3.C_{tot}(s)$ (mol.l^{-1})	1,70	2,50	3,47	4,65	5,70

- en utilisant les données numériques expérimentales du tableau III, les graphiques $C_W = f(C_S)$ des questions 2°) et 3°), et l'équation (R) établie précédemment, montrer que l'on peut en déduire la valeur numérique de la constante de dimérisation mixte $K_{d(A-B)}$.

I. Electrolyse des solutions aqueuses de chlorure de sodium.

1. Aspect thermodynamique

Les réactions pouvant avoir lieu sont :

- à l'anode : $2\,H_2O \longrightarrow O_2\uparrow + 4H^+ + 4e^-$ $\quad E° = 1,23\,V$
  $2\,Cl^- \longrightarrow Cl_2\uparrow + 2e^-$ $\quad E° = 1,36\,V$
- à la cathode : $Na^+ + e^- \longrightarrow Na$ $\quad E° = -2,71\,V$
  $2H^+ + 2e^- \longrightarrow H_2$ $\quad E° = 0\,V$

La thermodynamique prévoit donc que l'on électrolysera l'eau sous une tension de 1,23 V (sans considérer la chute ohmique dûe à la faible conductivité des solutions) : on aura dégagement d'oxygène à l'anode
d'hydrogène à la cathode

En fait ces réactions sont lentes, et leur vitesse dépend de la nature de l'électrode.

2. Aspect cinétique

La vitesses des nucléons aux électrodes peut se mesurer par le nombres de charges mises en jeu, par unité de temps. Elle est donc directement reliée à l'intensité, ce qui justifie l'emploi des courbes intensité-potentiel.

Selon les électrodes, il apparaît des surtensions qui font que même pour un potentiel d'électrode supérieur à E°, on observe une vitesse quasi-nulle de réaction. (cf schéma).

* Pour ne pas avoir à appliquer de trop grandes différences de potentiel, on utilise aux électrodes où ces surtensions ne sont pas trop fortes : graphite, fer.

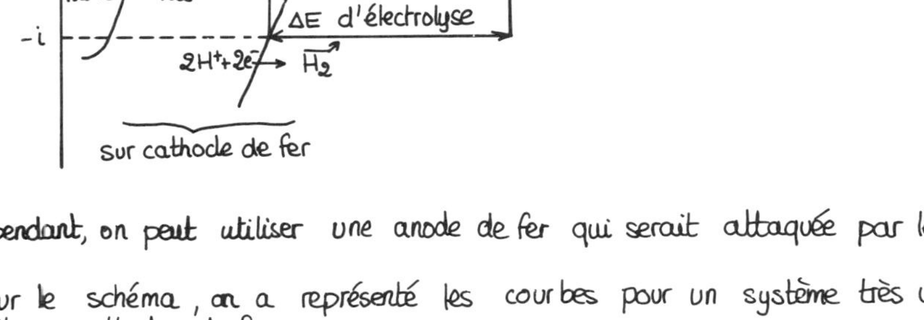

Cependant, on peut utiliser une anode de fer qui serait attaquée par le chlore dégagé.

Sur le schéma, on a représenté les courbes pour un système très utilisé : anode de graphite, cathode de fer.

Le ΔE de fonctionnement est trouvé pour $|i_{cathode}| = |i_{anode}|$

On voit que l'on a les réactions suivantes :

anode (graphite) : $2Cl^- \rightarrow Cl_2\uparrow + 2e^-$

cathode (fer) $2H^+ + 2e^- \rightarrow H_2\uparrow$

On utilise aussi, industriellement, une cathode de mercure pour laquelle on peut tracer les courbes suivantes.

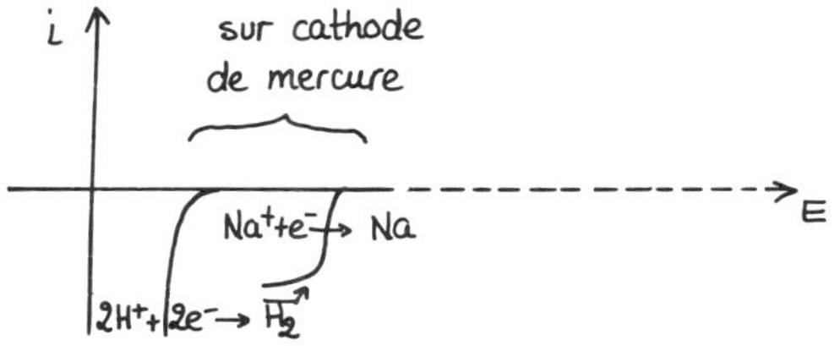

Donc avec le mercure à la cathode, on aura :

$$Na^+ + e^- \rightarrow Na$$

le sodium obtenu étant amalgamé au mercure.

3- Utilisation industrielle.

Dans le cas où on a anode de graphite et cathode de mercure, on prépare :

à l'anode : * du chlore

à la cathode : * de l'hydrogène

* de la soude, puisqu'on consomme des protons et que, par équilibre autoprotolytique, on fait apparaître des ions OH^-.

Cependant, en milieu basique, on a dismutation du chlore :

$$Cl_2 + NaOH \rightarrow Na^+ + ClO^- + H^+ + Cl^-$$

Le problème est donc de séparer la cathode où se forme la soude de l'anode où se forme le chlore ; on utilise pour cela des diaphragmes.

Dans le cas où on emploie le mercure comme cathode, on ne consomme pas de proton, mais on réduit le sodium.

Lorsque le mercure est suffisamment chargé de sodium, on le fait s'écouler hors de la cuve à électrolyse, et en présence d'eau, lorsque la différence de potentiel n'est plus appliquée, on aura la réaction :

$$Na + H_2O \longrightarrow Na^+ + OH^- + \tfrac{1}{2} H_2$$

ce n'est qu'à ce moment que l'on récupère soude et hydrogène ; ainsi la cuve à électrolyse reste neutre.

II. Synthèse totale de la spectaline et de la spectalinine

a)- $CH_2 = CH - (CH_2)_9 - OH \equiv \underline{5}$

– la molécule $\underline{5}$ se nomme undecanène-10, ol-1

– $\underline{5} + PBr_3 \longrightarrow CH_2 = CH - (CH_2)_9 - Br \equiv \underline{6}$

– Si on utilise HBr en solution aqueuse, on risque d'additionner HBr sur la double liaison.

b)-

– $\underline{7} \equiv CH_2 = CH - (CH_2)_9 - MgBr$

– si l'éther n'est pas anhydre, l'eau contenue dans l'éther hydrolyse le magnésien formé :

$$R-MgBr + H_2O \longrightarrow RH + \text{" } MgBrOH \text{ "}$$

– 8 ≡
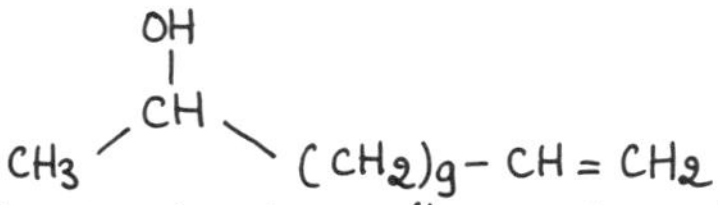

– il faut différencier les deux étapes de cette réaction.

* première étape : synthèse de la liaison C–C, formation d'un alcoolate.

* deuxième étape : en milieu aqueux, l'alcoolate, base forte, donne son acide conjugué.

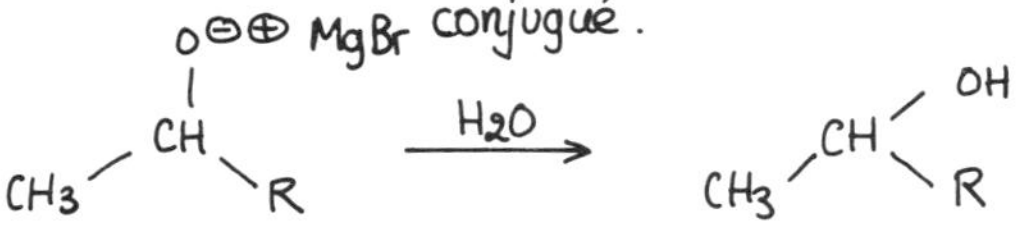

c)- La bande vers 1720 cm^{-1} est caractéristique d'un composé carbonylé.

·9 ≡
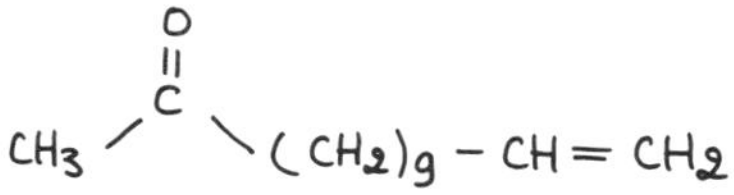

d)-
– On a addition de HBr sur la double liaison.

10 ≡
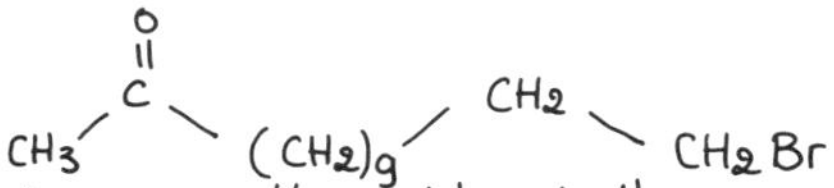

Contrairement à ce que l'on obtiendrait avec HBr en solution aqueuse, on a addition " anti Markovnikov ". Ceci s'explique par le mécanisme radicalaire de la réaction.

– mécanisme :
il s'agit d'une réaction radicalaire en chaîne :

initiation : $HBr \xrightarrow{h\nu} H^\bullet + Br^\bullet$

ou $ROOR \longrightarrow 2\,RO^\bullet$ (peroxyde)

$RO^\bullet + HBr \longrightarrow ROH + Br^\bullet$

propagation :

$R-CH=CH_2 + Br^\bullet \longrightarrow R-CH^\bullet-CH_2Br$

$R-CH^\bullet-CH_2Br + HBr \longrightarrow (R-CH_2-CH_2Br)^\bullet + Br^\bullet$

rupture :

$2Br^\bullet \longrightarrow Br_2$

$R-CH^\bullet-CH_2-Br + Br^\bullet \longrightarrow R-CH(Br)-CH_2-Br$

Remarque :
On pourrait penser au mécanisme où la propagation serait :

$R-CH=CH_2 + H^\bullet \longrightarrow R-CH^\bullet-CH_3$

$R-CH^\bullet-CH_3 + HBr \longrightarrow R-CH(Br)-CH_3 + H^\bullet$

mais celui-ci fait apparaître H• beaucoup plus instable que Br•.

– La régiosélectivité est determinée lors des étapes de propagation. On peut à priori avoir :

soit R–CH=CH$_2$ + Br• ⟶ R–CH•–CH$_2$Br (radical secondaire)

soit R–CH=CH$_2$ + Br• ⟶ R–CHBr–CH$_2$• (radical primaire)

La réaction passe préferentiellement par le premier mécanisme car le radical secondaire est plus stable, ce qui explique la régioselectivité de l'addition. (Effet Karash).

e)-

– On obtient régiosélectivement l'anion 4a sur le carbone indiqué pour des raisons de stabilité thermodynamique.
Dans l'anion 4a, la charge est plus délocalisée que dans les autres anions possibles.

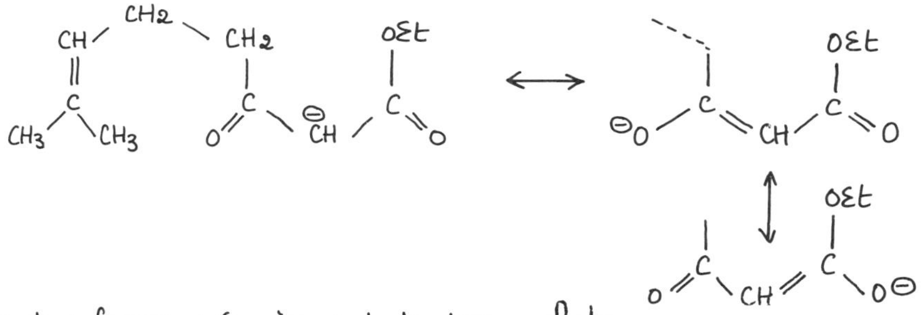

Ces deux formes mésomères sont de type olate
On peut comparer la stabilité de 4a avec un autre anion :

donc une seule forme mésomère possible.

–

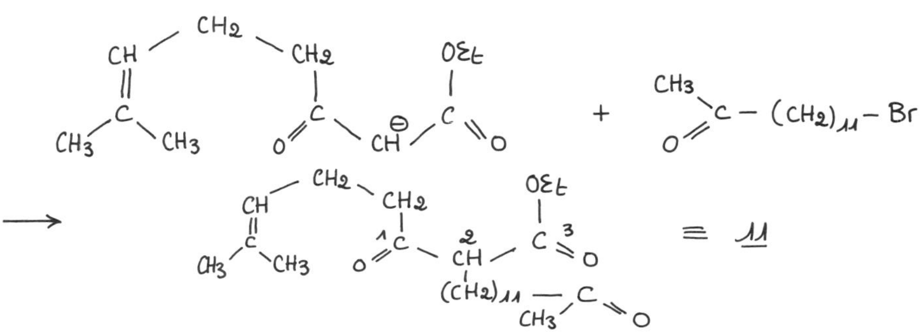

≡ 11

– La réaction est une alkylation de composé 1-3 dicarbonylé, qui appartient au type de réaction plus général d'alkylation en α d'un composé carbonylé.

f)-

– 11a ≡

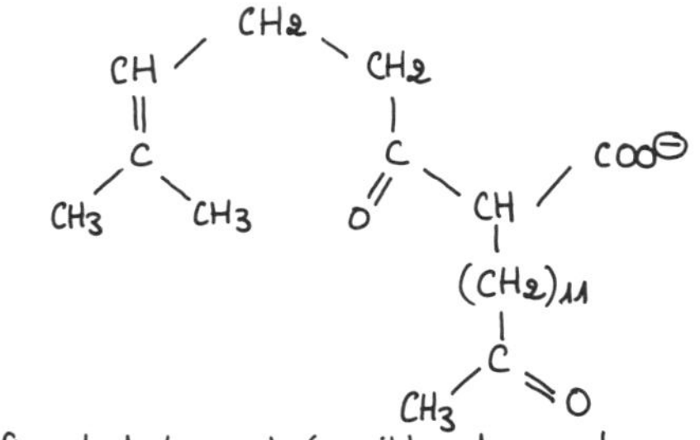

– "saponification" signifie hydrolyse irréversible des esters en milieu basique : on obtient le sel de carboxylate correspondant (= savon !).

– " decarboxylation " signifie l'élimination du dioxyde de carbone dans un acide carboxylique : on obtient l'alcane correspondant.

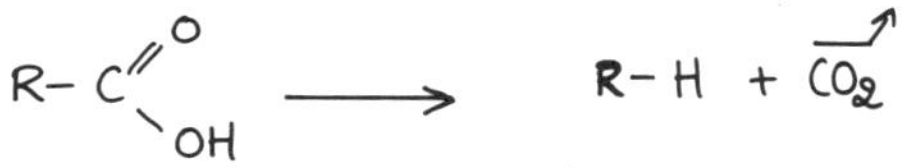

Les groupes carboxyliques en position 3 par rapport à un autre groupe carbonylé effectuent facilement cette réaction.

III Détermination de coéfficients de partage. applications

1. Préléminaire

Soit C_1 la concentration en A dans 1
C_2 la concentration en A dans 2

Les potentiels chimiques de A, respectivement dans 1 et 2, s'écrivent :

$\mu_1 = \mu_1^\circ + RT \ln C_1$

$\mu_2 = \mu_2^\circ + RT \ln C_2$

où μ_1° et μ_2° sont les potentiels chimiques standards de A respectivement dans ① et ② à la température T.

Or si les deux solutions sont en équilibre : $\mu_1 = \mu_2$

soit $\mu_2^\circ - \mu_1^\circ = -RT \ln \frac{C_2}{C_1}$

d'où $$\boxed{\ln P = -\frac{(\mu_2^\circ - \mu_1^\circ)}{RT}}$$

donc P ne dépend que de la température.

2. Partage de l'acide acétique entre eau et cyclohexane

a)- Les valeurs du tableau indiquent que l'acide acétique est au moins 200 fois plus concentré dans l'eau que dans le cyclohexane à l'équilibre.

Ceci est dû à la présence de la liaison hydrogène entre l'acide acétique et l'eau :

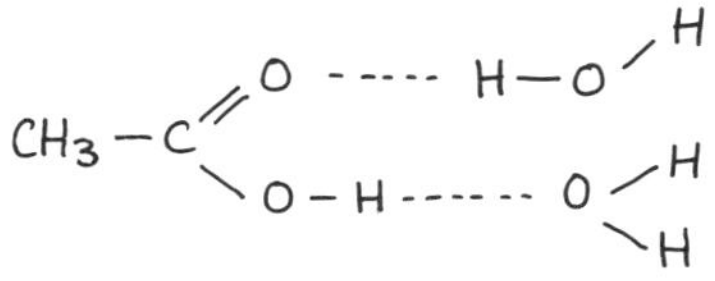

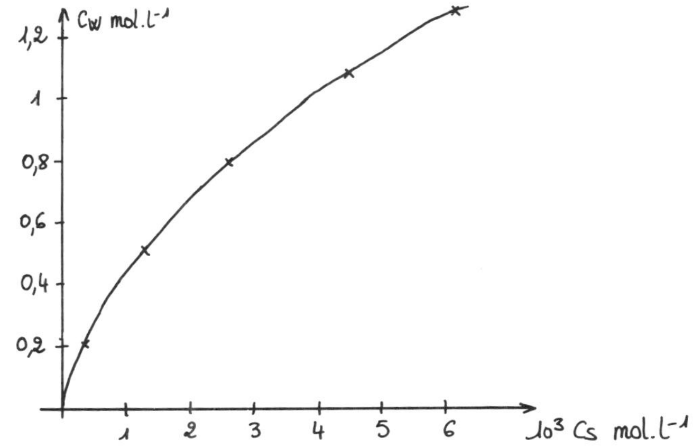

c). L'existence du dimère est dûe à la présence de liaisons H intermoléculaires.

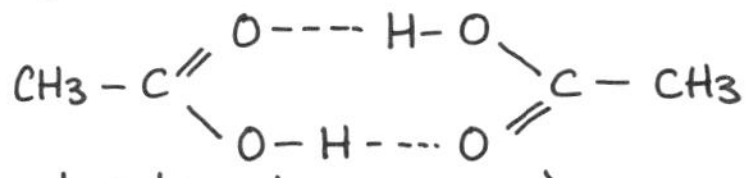

elles se forment entre deux monomères car elles sont impossibles entre hexane et acide acétique.

– considérons α le coéfficient d'ionisation de l'acide acétique :

$$\underset{C_w(1-\alpha)}{CH_3COOH} + H_2O \rightleftharpoons \underset{C_w.\alpha}{CH_3COO^-} + \underset{C_w.\alpha}{H_3O^+}$$

on a $K_a = \dfrac{\alpha^2 C_w}{1-\alpha}$ d'où $\dfrac{\alpha^2}{1-\alpha} = \dfrac{K_a}{C_w}$

Pour $C_w \simeq 0,2 \text{ mol.L}^{-1}$, on a : $\dfrac{\alpha^2}{1-\alpha} = 1,75.10^{-4}$ soit $\alpha = 0,93\,\%$

α diminue encore quand C_w augmente.

On peut donc dire que l'acide acétique n'est pas dissocié en phase aqueuse.

– $P_{A\,exp}$ correspond aux valeurs du tableau : il tient compte de la concentration totale en acide acétique dans S (monomère et dimère).

$$P_{A\,exp} = \frac{C_w}{C_s} = \frac{[A]_w}{[A]_s + 2[A_2]_s}$$

$P_{A\,vrai}$ se définit par :

$$P_{A\,vrai} = \frac{[A]_w}{[A]_s} \quad \text{et} \quad P_{A\,exp} = \frac{[A]_w}{[A]_s}\,\frac{1}{1 + 2\dfrac{[A_2]_s}{[A]_s}}$$

or $K_d(A) = \dfrac{[A_2]_s}{[A]_s^2}$ d'où $P_{A\,exp} = \dfrac{P_{A\,vrai}}{1 + 2K_d(A)[A]_s}$

$$P_{A\,exp} = \frac{P_{A\,vrai}}{1 + \dfrac{2K_d(A)}{P_{A\,vrai}}[A]_w}$$

– On trace $\dfrac{1}{P_{A\,exp}}$ en fonction de C_w, en éffet,

$$\boxed{\frac{1}{P_{A\,exp}} = \frac{1}{P_{A\,vrai}}\left(1 + \frac{2K_d(A)\,C_w}{P_{A\,vrai}}\right)}$$

(cf figure) : l'ordonnée à l'origine vaut $\frac{1}{p_A \text{ vrai}} = 0{,}82 \cdot 10^{-3}$

d'où $\boxed{p_A \text{ vrai} = 1220}$

La perte vaut $\frac{2K_d(A)}{(p_A \text{ vrai})^2} = 3{,}07 \cdot 10^{-3}$ d'où $K_d(A) = 2280$

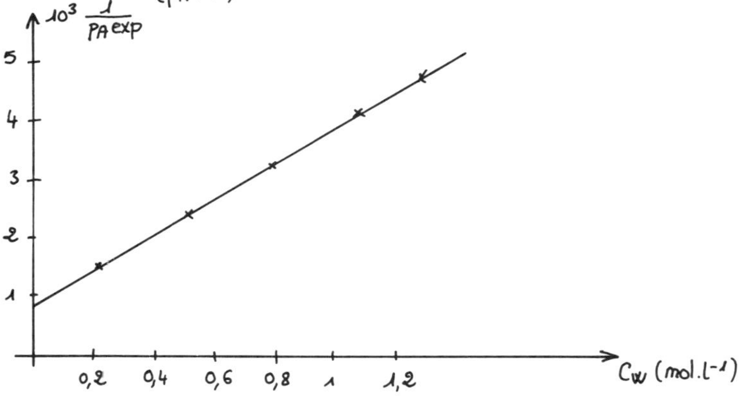

3_ a)_

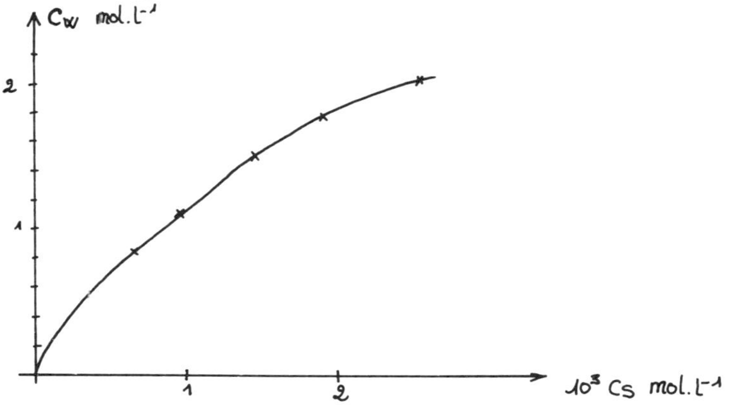

le rapport $\frac{C_w}{C_s}$ n'est pas constant.

b)_ on a : $K_a = \frac{\alpha^2 C_w}{1-\alpha}$

or pour $C_w = 0{,}842$ mol.l^{-1}, on a $\alpha \simeq 4\%$ ce qui n'est plus négligeable

— de manière analogue au 2_, on a :

$$p_B \exp = \frac{C_w}{[B]_s + 2[B_2]_s}$$

Pour p_B vrai, on doit considérer seulement l'acide non dissocié qui a pour concentration $(1-\alpha) C_w$ d'où $p_B \text{ vrai} = \frac{(1-\alpha) C_w}{[B]_s}$

$$p_B \exp = \frac{C_w}{[B]_s} \quad \frac{1}{1 + 2\frac{[B_2]_s}{[B]_s}}$$

$$p_{B\,exp} = \frac{p_{B\,vrai}}{1-\alpha}\ \frac{1}{1+2Kd_{(B)}[B]_S}$$

$$\boxed{p_{B\,exp} = \frac{p_{B\,vrai}}{1-\alpha}\ \frac{1}{1+2Kd_{(B)}\frac{(1-\alpha)C_W}{p_{B\,vrai}}}}$$

- on peut mettre cette expression sous la forme :

$$\frac{1}{(1-\alpha)\,p_{B\,exp}} = \frac{1}{p_{B\,vrai}}\left(1 + \frac{2\,Kd(B)}{p_{B\,vrai}}\ (1-\alpha)\,C_W\right)$$

on calcule α par résolution de $\frac{\alpha^2 C_W}{1-\alpha} = Ka$ et on trace $\frac{1}{(1-\alpha)\,p_{B\,exp}}$ en fonction de $(1-\alpha)C_W$.

C_W (mol.L^{-1})	0,842	1,133	1,500	1,787	2,143
$\alpha.10^{-2}$	3,99	3,45	3,01	2,76	2,52
$(1-\alpha)C_W$ (mol.L^{-1})	0,808	1,094	1,455	1,738	2,089
$10^3\ \frac{1}{(1-\alpha)p_{B\,exp}}$	0,790	0,881	1,006	1,102	1,221

(cf figure) : l'ordonnée à l'origine vaut $\frac{1}{p_{B\,vrai}} = 0,52.10^{-3}$

d'où $\boxed{p_{B\,vrai} = 1925}$

La perte vaut $\frac{2\,Kd(B)}{(p_{B\,vrai})^2} = 0,336.10^{-3}$ d'où $\boxed{Kd(B) = 621}$

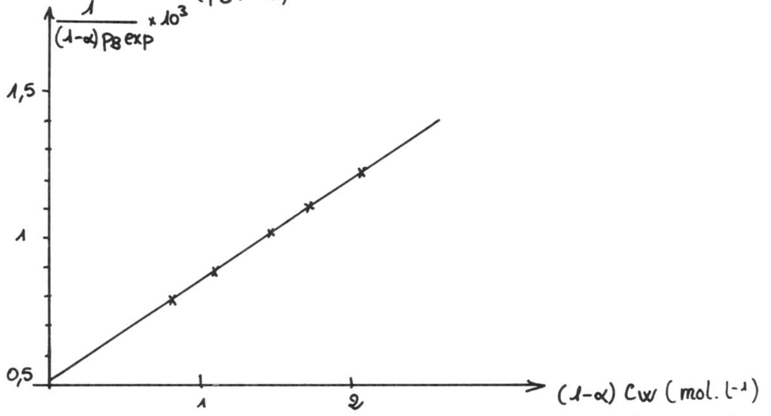

4)- Dans les questions précédentes, A et B intervenaient seuls.
On a alors calculé :

$$p_{A\,exp} = \frac{C_A(W)}{z_A(S)} = \frac{p_{A\,vrai}}{1+2\frac{Kd(A)}{p_{A\,vrai}}\,C_A(W)}$$

$$p_{B\,exp} = \frac{C_B(W)}{z_B(S)} = \frac{p_{B\,vrai}}{(1-\alpha)\left[1+2\,\frac{Kd(B)}{p_{B\,vrai}}\,C_B(W)(1-\alpha)\right]}$$

ce qui indique que $z_A(S)$ et $z_B(S)$ ne dépendent que de $c(w)$. Dans cette question, $p_{A\,exp}$ et $p_{B\,exp}$ changent d'expression, mais pas $z_A(S)$ et $z_B(S)$.

$$z_A(S) = [A]_S + 2[A_2]_S = f(C_A(W))$$

$z_B(s) = [B]_s + 2[B_2]_s = f(c_B(w))$

or on a : $C_{tot} = [A]_s + 2[A_2]_s + [B]_s + 2[B_2]_s + 2[AB]_s$

donc $C_{tot} - z_A(s) - z_B(s) = 2[AB]_s$

or $[AB]_s = K_d(AB)\,[A]_s\,[B]_s$

avec $[A]_s = \dfrac{c_A(w)}{P_A\ vrai}$ et $[B]_s = \dfrac{(1-\alpha)\,c_B(w)}{P_B\ vrai}$

donc $$\boxed{C_{tot}(s) - [z_A(s) + z_B(s)] = 2\,K_d(AB)\,\frac{c_A(w)}{P_A\,vrai} \times \frac{(1-\alpha)\,c_B(w)}{P_B\,vrai}}$$

b) - $z_A(s)$ et $z_B(s)$ sont, par définition, respectivement $c_A(s)$ et $c_B(s)$ des questions 2 et 3.

Donc on utilise les courbes $c(w) = f(c(s))$ pour connaître $z_A(s)$ et $z_B(s)$ pour différentes valeurs de $c_A(w)$ et $c_B(w)$.

$c_A(w)$, $c_B(w)$, α, P_A vrai et P_B vrai étant connus, on peut déduire $K_d(AB)$.

$$\boxed{K_d(AB) = \frac{C_{tot}(s) - (z_A(s) + z_B(s))}{2\,\dfrac{c_A(w)}{P_A\,vrai}\,\dfrac{(1-\alpha)\,c_B(w)}{P_B\,vrai}}}$$

Centrale/Sup'Élec 84 — **Option M**

I Préparation des organo-magnésiens
II Étude thermodynamique de piles
III Température de flamme

Durée : 3H

L'épreuve comporte trois parties indépendantes.

I. Préparation et Caractérisation des organomagnésiens.

1) Comment prépare-t-on un dérivé organomagnésien à partir d'un dérivé monohalogéné d'un alcane ? Vous indiquerez et justifierez de manière détaillée les conditions expérimentales sur un exemple de votre choix.

2) Dosage : On verse progressivement 50 cm^3 de solution éthérée contenant exactement 10,9 grammes de bromoéthane sur 2,4 grammes de magnésium en copeaux placés dans un ballon-réacteur dans lequel on avait déjà introduit 10 cm^3 d'éther anhydre ; on attend environ 1 heure afin de parfaire la réaction. En vue de doser l'organomagnésien obtenu, on prélève 1 cm^3 de la solution réactionnelle que l'on verse aussitôt dans un bécher contenant 10 cm^3 d'une solution à 0,200 $mol.l^{-1}$ d'iode dans le benzène. L'iode en excès est dosé par une solution aqueuse à 0,100 $mol.l^{-1}$ de thiosulfate de sodium ; pour parvenir à décolorer complètement la solution benzénique d'iode, il faut verser 15 cm^3 de la solution de thiosulfate de sodium.

a) Ecrire l'équation de réaction du bromure d'éthylmagnésium sur l'iode.
b) Pourquoi utilise-t-on une solution benzénique d'iode et non une solution aqueuse d'iode ?
c) Ecrire l'équation de réaction de l'iode sur les ions thiosulfate ($S_2O_3^{2-}$) sachant que ceux-ci sont transformés en ion tétrathionate ($S_4O_6^{2-}$).
d) Calculer le rendement de la préparation en organomagnésien obtenu.

données :

H	C	Mg	Br	
1	12	24	80	$g.mol^{-1}$

3) Préciser les conditions expérimentales et les produits obtenus par réaction entre le bromure d'éthylmagnésium et le butanal : on indiquera un schéma illustrant le mécanisme réactionnel de cette transformation.

II. Etudes thermodynamiques de piles.

données utiles: $e = 1,6.\ 10^{-19}$ C $\mathcal{N} = 6,02.\ 10^{23}\ mol^{-1}$

1) On considère les deux piles suivantes :

⊖	Fe, solide	$Fe(OH)_2$ solide	/	$Ba(OH)_2$ C $mol.l^{-1}$	/	HgO, solide	Hg liquide	⊕ pile : (I)

et

⊖	Pt, solide	H_2 gaz (1 atm)	/	$Ba(OH)_2$ C $mol.l^{-1}$	/	HgO, solide	Hg liquide	⊕ pile : (II)

On précise que Fe, $Fe(OH)_2$, HgO, Pt, Hg sont des espèces chimiques pures à l'état condensé ; l'hydroxyde de baryum est un composé ionique dissous en solution aqueuse à une concentration donnée quelconque (C $mol.l^{-1}$).

A 298 K la force électromotrice (f.e.m.) de la pile (I) vaut 973 mV, celle de la pile (II) vaut 926 mV. En outre l'enthalpie libre standard de formation à 298 K d'une mole d'eau est de - 236,53 kJ.

a) Montrer que les f.e.m. des piles (I) et (II) ne dépendent pas de C.
b) Déterminer l'enthalpie libre standard $\Delta G°$ correspondant à la formation d'une mole de $Fe(OH)_2$ solide à 298 K à partir de ces éléments.

2) La f.e.m. (E) de la pile électrochimique suivante est 0,490 Volt à 298 K :

(−) Pb solide / $PbCl_2$ solide / HCl dissous / AgCl solide / Ag solide (+)

Les espèces Pb, $PbCl_2$, AgCl, Ag sont des solides purs en contact avec une solution aqueuse d'acide chlorhydrique ; on rappelle que $PbCl_2$ et AgCl sont des chlorures peu solubles dans l'eau.

La f.e.m. (E) de la pile considérée varie avec la température avec un coefficient de température valant : $-1{,}84.10^{-4}$ $V.K^{-1}$.

Les tables thermodynamiques donnent à 298 K les entropies molaires standard suivantes (exprimées en $J.mol^{-1}.K^{-1}$) :

Pb solide	Ag solide	AgCl solide
64,82	42,66	96,19

a) Montrer que la f.e.m. (E) de cette pile ne dépend pas de la concentration de l'acide chlorhydrique dissous.

b) Calculer la variation d'enthalpie libre de la réaction chimique qui a lieu dans la pile.

c) Déterminer l'entropie standard d'une mole de $PbCl_2$ solide à 298 K.

III . Température de "flamme".

Préambule : Dans une inflammation, la réaction de combustion met en jeu un phénomène si rapide que l'on peut admettre que les échanges énergétiques avec l'extérieur n'ont pas le temps de se faire : le phénomène peut être considéré comme adiabatique et la chaleur dégagée sert à élever la température T des gaz de combustion.

Données numériques utiles :

- enthalpie standard de formation à 298 K ($J.mol^{-1}$)

CO_2 (gaz)	CO (gaz)
− 393 320	− 110 400

- capacités calorifiques molaires à pression constante ($J.K^{-1}.mol^{-1}$) :

CO_2 gaz : $30{,}53 + 1{,}299.\ 10^{-2}T$

N_2 gaz : $27{,}17 + 4{,}18\ .\ 10^{-3}T$

O_2 gaz : $30{,}53 + 1{,}299.\ 10^{-2}T$

CO gaz : $26{,}97 + 2{,}509.\ 10^{-3}T$

- on prendra comme composition de l'air : 1 volume d'oxygène pour 3,8 volumes d'azote
- les gaz initiaux sont pris à la température ambiante (298 K)

1) Calculer la température maximale théorique de la combustion isobare (1 atm) du monoxyde de carbone dans les deux cas suivants :

a) avec la quantité théorique d'oxygène pur

b) avec la quantité théorique d'air

2) En fait on doit considérer à ces températures la dissociation de CO_2 selon : $CO_2 \longrightarrow CO + \frac{1}{2} O_2$; la constante d'équilibre Kp de la dissociation de CO_2 suit la loi suivante : $\log Kp = -\dfrac{14\,800}{T} + 4{,}52$

On demande de déterminer, dans ce cas, la valeur de la température maximale de flamme de CO avec la quantité théorique d'air, en tenant compte de la dissociation de CO_2.

I. Préparation et caractérisation des magnésiens

1). La réaction qu'on utilise est :

$$RX + Mg \longrightarrow RMgX$$

Elle ne se fait que dans des solvants particuliers comme l'éther éthylique. Celui-ci doit être anhydre pour éviter la réaction d'hydrolyse.

$$R\text{-}MgX + H_2O \longrightarrow RH + MgXOH$$

On peut prendre l'exemple du bromoéthane CH_3CH_2Br :
on utilise du magnésium en copeaux : on les place dans un ballon et on les recouvre d'éther anhydre. On place le bromure d'éthyle dans une ampoule à brome et on en verse quelques gouttes seulement.
A température ordinaire, la réaction est lente donc on chauffe légèrement au début, afin de démarrer la réaction. Celle-ci étant exothermique, la chaleur de réaction suffit à continuer de chauffer le milieu et à faire bouillir l'éther. Il est donc nécessaire de recondenser l'éther à l'aide d'un réfrigérant.
Quand la réaction a démarré, on verse le reste de bromure d'éthyle goutte à goutte.

2). Dosage.

a). La réaction de l'iode sur le magnésien est :

$$CH_3CH_2MgBr + I_2 \longrightarrow CH_3CH_2\text{-}I + MgBrI$$

b). La solution aqueuse hydrolysera le magnésien selon :

$$CH_3CH_2MgBr + H_2O \longrightarrow CH_3CH_3 + MgBrOH$$

et l'iode ne réagirait pratiquement pas avec le magnésien.

c) La réaction de l'iode sur les ions $S_2O_3^{2-}$ a pour équation :

$$I_2 + 2\,S_2O_3^{2-} \longrightarrow 2I^- + S_4O_6^{2-}$$

d) La masse molaire du magnésium est : 24 g, celle du bromoéthane : 109 g
on part donc de 0,1 mole de magnésium
et 0,1 mole de bromoéthane.
Soit x le nombre de moles de magnésium formé. La solution a un volume de 60 cm³ et on en prélève 1 cm³ pour le dosage, c'est-à-dire $\frac{x}{60}$ mole.
Le bécher où l'on fait la réaction avec l'iode contient :
initialement 2.10^{-3} moles de I_2
et après réaction $2.10^{-3} - \frac{x}{60}$
que l'on dose par $1{,}5.10^{-3}$ mole de $S_2O_3^{2-}$.
Comme d'après la stœchiométrie de la réaction de dosage, il faut 2 moles de $S_2O_3^{2-}$ pour doser une mole de I_2, on a :

$$2\left(2.10^{-3} - \frac{x}{60}\right) = 1{,}5.10^{-3} \quad \text{donc} \quad \boxed{x = 0{,}075 \text{ mole}}$$

donc $\boxed{\text{le rendement est de } 75\%}$

3). La réaction entre le magnésien et le butanal s'écrit :

$$CH_3\text{-}CH_2\text{-}CH_2\text{-}CHO + CH_3\text{-}CH_2\text{-}MgBr \longrightarrow CH_3\text{-}CH_2\text{-}CH_2\text{-}CH(O^{\ominus}\,{}^{\oplus}MgBr)\text{-}CH_2\text{-}CH_3$$

Dans une seconde réaction, réaction d'hydrolyse, on aurait

$$CH_3\text{-}CH_2\text{-}CH_2\text{-}CH(O^{\ominus}\,{}^{\oplus}MgBr)\text{-}CH_2\text{-}CH_3 \longrightarrow CH_3\text{-}CH_2\text{-}CH_2\text{-}CH(OH)\text{-}CH_2\text{-}CH_3 + MgBrOH$$

La première réaction se fait en ajoutant le butanal dans le ballon où on a préparé le magnésien. C'est-à-dire qu'on est encore en milieu anhydre.

Une fois la réaction achevée, on hydrolyse en versant le contenu du ballon dans un bécher d'eau.

Le mécanisme réactionnel passe par l'attaque nucléophile du magnésien sur l'aldéhyde

$$Pr-CHO + \overset{-\delta}{CH_3-CH_2}\overset{+\delta}{MgBr} \longrightarrow Pr-CH(O^-)-CH_2-CH_3 + \overset{+}{Mg}Br$$

II. Etudes thermodynamiques de piles

1)- a)- Les équilibres d'oxydoréduction qui interviennent sont :

Pour la pile I

- $HgO + 2e^- + 2H^+ \rightleftharpoons Hg + H_2O$
- $Fe(OH)_2 + 2e^- + 2H^+ \rightleftharpoons Fe + 2H_2O$

On voit que ces deux couples dépendent du pH. Or $Ba(OH)_2$ est une base, donc sa concentration affecte l'équilibre de chacune des demi-piles.

Cependant, le bilan est :

$$HgO + Fe + H_2O \rightleftharpoons Hg + Fe(OH)_2$$

et n'est pas affecté par le pH, donc pas par C.

Pour la pile II

- $HgO + 2e^- + 2H^+ \rightleftharpoons Hg + H_2O$
- $2H^+ + 2e^- \rightleftharpoons H_2 \nearrow$

de même, le bilan est ici

$$HgO + H_2 \rightleftharpoons Hg + H_2O$$

et n'est pas affecté par le pH, donc pas par C.

b)- On cherche l'enthalpie libre standard $\Delta G°$ de la réaction.

$$Fe + O_2 + H_2 \xrightarrow{\Delta G°} Fe(OH)_2$$

On peut connaître par les fem, certaines enthalpies libres. On peut donc imaginer le cycle suivant où intervient la réaction précédente :

$$Hg + Fe + O_2 + H_2 \xrightarrow{\Delta G°} Hg + Fe(OH)_2$$

$$Hg + Fe + O_2 + H_2 \xrightarrow{\Delta G°_1} Hg + H_2O + Fe + \tfrac{1}{2}O_2 \xrightarrow{\Delta G°_2} HgO + H_2 + Fe + \tfrac{1}{2}O_2 \xrightarrow{\Delta G°_3} HgO + Fe + H_2O \xrightarrow{\Delta G°_4} Hg + Fe(OH)_2$$

on a : $\Delta G° = \Delta G_1° + \Delta G°_2 + \Delta G°_3 + \Delta G°_4$

La première étape et la troisième consistent en la formation d'eau :

$$\Delta G°_1 = \Delta G°_3 = -236,53 \text{ kJ.mol}^{-1}$$

La quatrième étape est la réaction de la pile I, donc d'après la loi de Nernst :

$$\Delta G_4° = -2\,\mathcal{F}e\,.\,0,973$$

$$\Delta G_4° = -187,440.\ \text{kJ.mol}^{-1}$$

La deuxième étape est la réaction inverse de la pile II :

donc $\Delta G°_2 = 2\,\mathcal{F}e\,.\,0,926$

$$\Delta G°_2 = 178,385 \text{ kJ.mol}^{-1}$$

donc $\boxed{\Delta G° = -482,115 \text{ kJ.mol}^{-1}}$

2)- a)- Les réactions aux électrodes sont :

× $AgCl + e^- \rightleftharpoons Ag + Cl^-$

× $PbCl_2 + 2e^- \rightleftharpoons Pb + 2Cl^-$

La réaction globale de la pile est :

$$2AgCl + Pb \rightleftharpoons PbCl_2 + 2Ag$$

donc les potentiels des demi-piles dépendent de $[Cl^-]$, mais pas la fem de la pile puisque la réaction ne fait pas intervenir, globalement, de chlorure en solution. Elle ne dépend d'aucune autre concentration donc $\boxed{E = E°}$

b)- D'après la loi de Nernst :

$\Delta G° = -2\mathcal{F}E°$ donc $\boxed{\Delta G° = -94,394 \text{ kJ.mol}}$

c)- On a $\Delta G° = \Delta H° - T\Delta S°$

donc à P constant,

$$\frac{d\Delta G°}{dT} = -\Delta S°$$

or $\Delta G° = -2\mathcal{F}E° = 2 \times 96\,320\, E°$ donc $2 \times 96\,320 \dfrac{dE°}{dT} = \Delta S°$

$\dfrac{dE°}{dT}$ est connu et on a $\Delta S° = 35,44 \text{ J.K}^{-1}.\text{mol}^{-1}$

Avec des notations évidentes, on a :

$$\Delta S° = 2S°_{Ag} + S°_{PbCl_2} - S°_{Pb} - 2S°_{AgCl}$$

d'où $\boxed{S°_{PbCl_2} = 207,32 \text{ J.K.mol}^{-1}}$

III- Température de flamme.

1)- La réaction de combustion s'écrit :

$$CO + \frac{1}{2}O_2 \longrightarrow CO_2$$

et l'enthalpie de réaction vaut : $\Delta H = -393\,320 + 110\,400$

$\Delta H = -282\,920 \text{ J.mol}^{-1}$

Dans les deux cas, on peut décomposer la combustion en une combustion isotherme et isobare, et un échauffement isobare :

$$CO + \frac{1}{2}O_2\ (+1,7\ N_2) \xrightarrow{298°K} CO_2\ (+1,7\ N_2)$$

$$\downarrow Q$$

$$CO_2\ (+1,7\ N_2)\ T$$

Si on appelle Q la chaleur mise en jeu dans la deuxième étape. On a, puisque la combustion est adiabatique :

$Q + \Delta H = 0$ donc $Q = 282\,920 \text{ J.mol}^{-1}$

Si on appelle C_p la capacité calorifique du mélange initial de la deuxième étape, on a :

$$Q = \int_{298}^{T} C_p\, dT$$

a). Dans le cas où on part de la quantité théorique d'oxygène pur, le gaz qui se réchauffe dans la deuxième étape est CO_2 pur.

$$Q = \int_{298}^{T} (30,53 + 1,299 . 10^{-2} T)\, dT$$

d'où $Q = 30,53\,(T - 298) + \frac{1,299}{2} . 10^{-2} (T^2 - 298^2)$

en appliquant $Q = -\Delta H$, on obtient :

$$6,495 . 10^{-3} T^2 + 30,53 T - 292\,595 = 0$$

d'où $\boxed{T = 4761\,°K}$

b). Dans le cas où on part de la quantité théorique d'air, on a pour une mole de CO, le mélange $CO_2 + 1,7\, N_2$ à réchauffer.

$$C_p = 76,72 + 2,01 . 10^{-2} T$$

d'où $Q = 76,72\,(T - 298) + \frac{2,01}{2} 10^{-2} (T^2 - 298^2)$

donc $1,005 . 10^{-2} T^2 + 76,72\, T - 306\,675 = 0$

d'où $\boxed{T = 2897\,°K}$

2). On peut prévoir une baisse de température puisque la dissociation implique :
- une chaleur de réaction plus faible (car moins de CO consommé).
- une augmentation du nombre de moles de gaz, donc de la capacité calorifique.

On raisonne sur une mole de CO au départ ; soit x le nombre de moles de CO dans l'état final. On a pour l'équilibre considéré :

$$\underset{1-x}{CO_2} \rightleftharpoons \underset{x}{CO} + \underset{1/2\, x}{\tfrac{1}{2} O_2}$$

Le nombre de moles total étant $1 + \frac{1}{2}x$, le K_p s'écrit :

$$K_p = \frac{P_{CO}\, P_{O_2}^{1/2}}{P_{CO_2}}$$

d'où $K_p = \dfrac{\left(\frac{x}{1+\frac{1}{2}x}\right)\left(\frac{x}{2+x}\right)^{1/2}}{\frac{1-x}{1+\frac{1}{2}x}}$ c'est-à-dire $K_p = \dfrac{x^{3/2}}{(1-x)(2+x)^{1/2}}$

Pour la température maximale, $T_m = 2897\,°K$, on a $K_p = 0,258$

En résolvant par approximations successives, on trouve alors que $\underline{x = 0,39}$

En fait, comme la température que l'on trouvera sera plus faible, on aura $\underline{x < 0,39}$.

On considèrera de manière analogue à la question 2 les étapes :

$$CO + \tfrac{1}{2} O_2 + 1,7\, N_2 \xrightarrow{T = 298K} (1-x)\, CO_2 + x\, CO + \tfrac{x}{2} O_2 + 1,7\, N_2$$

$$\big\downarrow Q$$

$$\underset{T}{(1-x)\, CO_2 + x\, CO + \tfrac{x}{2} O_2 + 1,7\, N_2}$$

Le calcul littéral de C_p donne :

$$C_p = 76,72 + 11,70\, x + (2,01 . 10^{-2} - x . 3,986 . 10^{-3})\, T$$

la conservation de l'énergie est maintenant :

$$(1-x)\,\Delta H = \int_{298}^{T} C_p\, dT$$

soit $(1-0{,}2x)\cdot 10^{-2}T^2 + (76{,}72 + 11{,}70\,x)T - 306\,675 + 279\,609\,x = 0$

en prenant $x = 0{,}39$ on a $T = 1984{,}6\,°K$

or à cette température, on trouve par K_p que $x \simeq 0{,}01$.

ceci signifie que l'on n'a pas un x aussi grand que $x = 0{,}39$.

On essaie alors différentes valeurs de x telles qu'elles donnent une température T qui permette de retrouver x par le K_p.

Cette valeur est $x \simeq 0{,}15$.

On obtient alors la température correspondante suivante :

$$\boxed{T \simeq 2560\,°K}$$

Centrale/Sup'Élec 84 ______ I Diagrammes d'Ellingham
II Les aldéhydes
1- L'éthanal, 2- Le benzaldéhyde, 3- Le glyoxal ______ Durée : 3H
4- Applications
III Dosage d'un acide aminé

Option P'

Le sujet comporte trois parties indépendantes et d'importance sensiblement égale.

I. Diagrammes d'Ellingham :

1) Rappeler le principe de construction du diagramme d'Ellingham traduisant la variation de l'enthalpie libre standard molaire ($\Delta G°$) de formation d'un oxyde en fonction de la température (T).

2)-a) Etablir les équations $\Delta G°(T)$ d'oxydation de l'aluminium et du silicium, ramenées à la combinaison d'une mole d'oxygène, à l'aide du tableau suivant : (pour T comprise entre 0 et 1500 K)

	Al (s)	Al_2O_3 (s)	O_2 (g)	Si(s)	SiO_2(s)
$\Delta H°$	-	- 1673,2	-	-	- 877,4
$S°$	28,3	50,9	204,8	18,7	41,8

où (s) signifie solide et (g) signifie gazeux.
$\Delta H°$ est la variation d'enthalpie standard molaire de formation à 298 K exprimée en $kJ.mol^{-1}$ sous 1 atmosphère.
$S°$ est l'entropie standard molaire à 298 K exprimée en $J.mol^{-1}$.
On donne de plus : $R = 8,32\ J.K^{-1}\ mol^{-1}$
$L_f = 10,9\ kJ.mol^{-1}$ pour l'enthalpie de fusion molaire de l'aluminium
$T_f = 930$ K pour la température de fusion de l'aluminium.

b) Représenter graphiquement ces équations en prenant comme échelles :
- 0,5 cm pour 100 K
- 1 cm pour 100 $kJ.mol^{-1}$

3) En déduire la valeur numérique (ΔG_R) de l'"enthalpie" libre de la réaction suivante, à 1000 K :

$$Si\,O_2 + \frac{4}{3}Al \longrightarrow \frac{2}{3}Al_2O_3 + Si$$

Montrer ainsi qu'il est déconseillé de faire fondre de l'aluminium dans un creuset de silice.

4)-a) Quelle est la valeur numérique de la pression d'oxygène minimale nécessaire pour que l'aluminium commence à s'oxyder à 1500 K ?

b) Même question dans le cas de l'oxydation de l'aluminium d'un alliage Fe-Al contenant 10 % atomique en aluminium, soit une activité égale à 10^{-2} dans l'alliage.

II. Aldéhydes : On s'intéresse ici à la réactivité de certains aldéhydes en milieu basique.

1) L'éthanal :

a) L'une des méthodes de préparation industrielle du butanol-1 consiste à faire réagir d'abord à 20°C de l'éthanal en présence de soude diluée pendant quelques heures ; après dosage de l'excès de soude, on obtient un composé organique A de formule brute $C_4H_8O_2$.
- Quelle est la réaction chimique correspondante ?
- Ecrire la formule développée et le nom de A.
- Préciser le mécanisme réactionnel correspondant.

b) A est ensuite déshydraté en milieu acide pour conduire à B.
- Quelle est la formule développée et le nom de B ?
- Préciser le mécanisme réactionnel.

c) Préciser des conditions expérimentales qui permettent de transformer aisément B en butanol-1.

2) Le benzaldéhyde (C_6H_5 - CHO)

Si l'on fait réagir du benzaldéhyde avec de la soude diluée à chaud, on obtient, après dosage de l'excès de soude, deux produits organiques A_1 et A_2 de formules brutes respectives $C_7H_6O_2$ et C_7H_8O.
- Donner les noms et les formules développées de A_1 et A_2.
- Préciser le mécanisme réactionnel de cette transformation.
- Comparer cette réaction à celle décrite dans II.1)a).

3) Le glyoxal (CHO - CHO)

Si l'on fait réagir du glyoxal avec de la soude diluée, on obtient après traitement acido-basique un produit unique A_3 de formule brute $C_2H_4O_3$.

- Donner le nom et la formule développée de A_3.
- Indiquer le mécanisme réactionnel de cette transformation : le comparer avec celui envisagé dans II.2).

4) Application :

L'alcool de formule $C(CH_2OH)_4$ est préparé industriellement en faisant réagir du méthanal en excès sur de l'éthanal dans une solution aqueuse de soude à température ambiante ; on neutralise l'excès de soude et on concentre progressivement pour cristalliser l'alcool cherché.

- Ecrire les transformations successives.
- Indiquer les mécanismes réactionnels associés et comparer avec les cas précédents.

III. Dosages d'un acide aminé

1) Préliminaires :

a) L'asparagine est un aminoacide de formule : $NH_2 - CO - CH_2 - CH(NH_2) - COOH$.

Représenter les deux stéréoisomères de cette molécule, en précisant la configuration absolue.

b) L'asparagine est un composé acido-basique : elle possède une fonction acide et une fonction amine. En solution aqueuse neutre, la molécule a notamment un moment dipolaire élevé peu conforme avec une structure neutre : on interprète cette propriété en admettant l'existence d'ions dipolaires pour représenter l'aminoacide : $NH_2 - CO - CH_2 - CH(^+NH_3) - COO^-$ qu'on notera par commodité $HA^{\pm}$

Les équilibres acido-basiques suivants sont caractérisés par deux valeurs de pK_A : (à 25°C)

$$NH_2 - CO - CH_2 - CH(^+NH_3) - COOH \;/\; NH_2 - CO - CH_2 - CH(^+NH_3) - COO^- \; : \; pK_{A_1} = 2,1$$

$$NH_2 - CO - CH_2 - CH(^+NH_3) - COO^- \;/\; NH_2 - CO - CH_2 - CH(NH_2) - COO^- \; : \; pK_{A_2} = 8,8$$

Quel est alors le pH d'une solution d'asparagine de molarité 10^{-2} mol.l^{-1} ?
(le produit ionique de l'eau sera pris égal à 10^{-14})

2) Soit 10 ml d'une solution d'asparagine de molarité 10^{-2} mol.l^{-1}. Pour le dosage, on ajoute V ml d'une solution de soude de molarité 10^{-1} mol.l^{-1}.

a) Calculer le pH de la solution quand :
V = 0,5 ml V = 1 ml V = 2 ml

b) Quel est le pourcentage d'asparagine non dosée à l'équivalence ?
Quelle est l'allure de la courbe de titrage correspondante ?

3) Pour améliorer la qualité de ce dosage, on peut procéder comme suit :
Soit 5 ml d'une solution d'asparagine de molarité 0,02 mol.l^{-1} à laquelle on ajoute 5 ml d'une solution d'acide chlorhydrique de molarité 0,02 mol.l^{-1}. Soit S la solution obtenue. On y ajoute progressivement V ml d'une solution de soude de molarité 10^{-1}mol.l^{-1}.

a) Calculer le pH de la solution quand :
V = 0 ml V = 1 ml V = 2 ml

b) Quel est, dans ce cas, le pourcentage d'asparagine non dosée à l'équivalence ?
Conclusion ?

c) Quelle est l'allure de la courbe de titrage correspondante ? On y indiquera les points caractéristiques.

II. Aldéhydes.

1). L' éthanal

a).

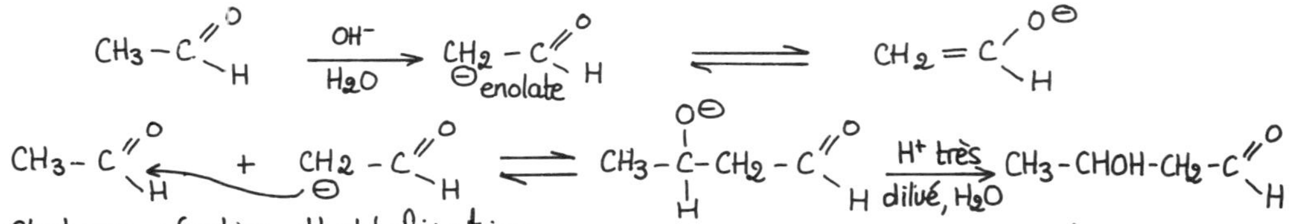

C'est une réaction d'aldolisation

A

b).

$A + H_2SO_4 \longrightarrow B$ butanal αβ insaturé $CH_3-CH=CH_2-CHO$

mécanisme :

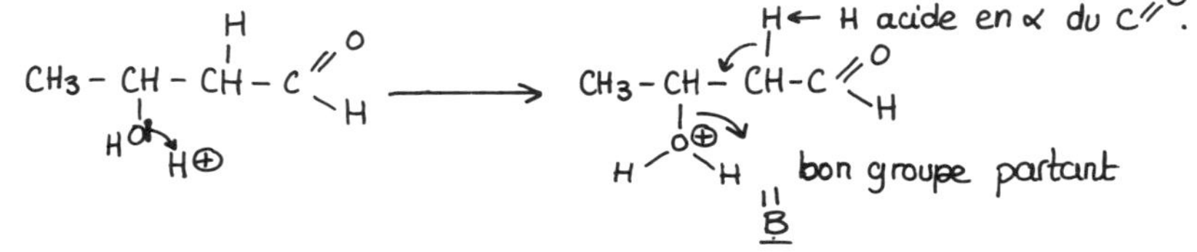

c). Il suffit de traiter par H_2 en présence de Ni.

$B + H_2/Ni \longrightarrow CH_3-CH_2-CH_2-CH_2OH$
butanol-1.

2). Le benzaldéhyde.

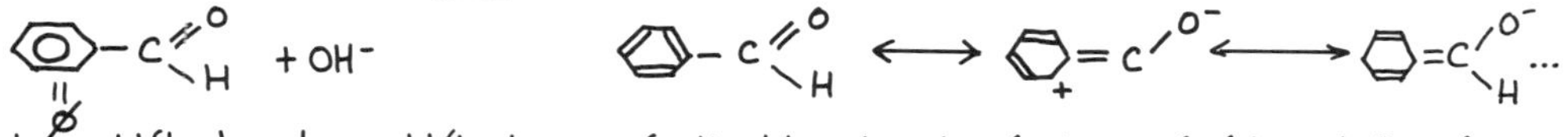

Le benzaldéhyde est un aldéhyde non énolisable, donc la réaction précédement étudiée ne peut avoir lieu.
C'est la réaction de Cannizaro (sur les aldéhydes non énolisables), qui peut avoir lieu.

2 aldéhydes ⟶ alcool + acide
C_7H_8O $C_7H_6O_2$

mécanisme :

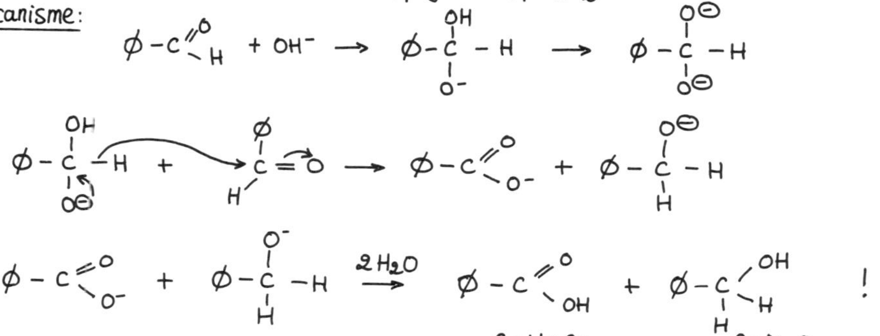

$C_7H_6O_2$ acide benzylique C_7H_8O alcool benzylique

3). $CHO-CHO \longrightarrow CH_2OH-COOH$

C'est une réaction de Cannizaro interne.

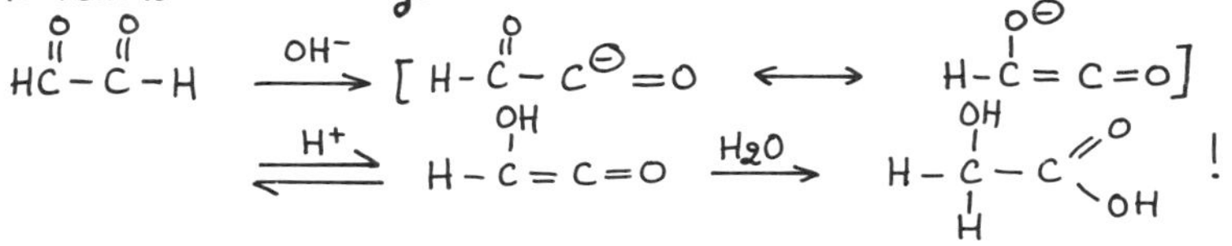

4)- $C(CH_2OH)_4$

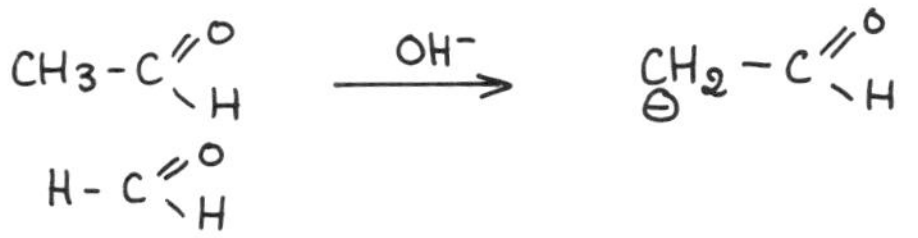

seul des deux énolisables

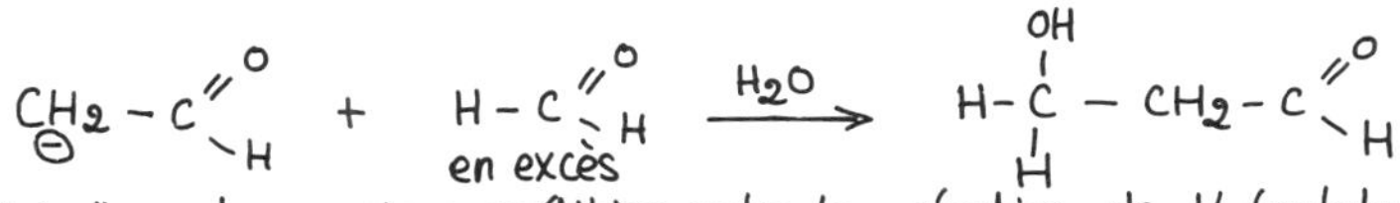

ici, il peut y avoir compétition entre la réaction de l'énolate sur le méthanol ou sur l'éthanal. La réaction sur le méthanal est largement prioritaire car il est en excès dans la solution.

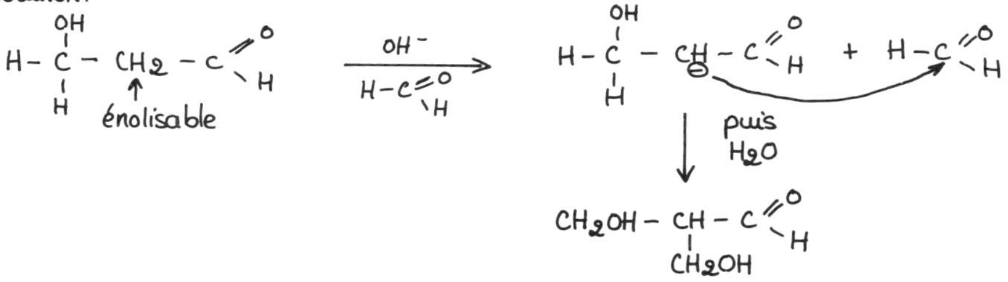

et on recommence

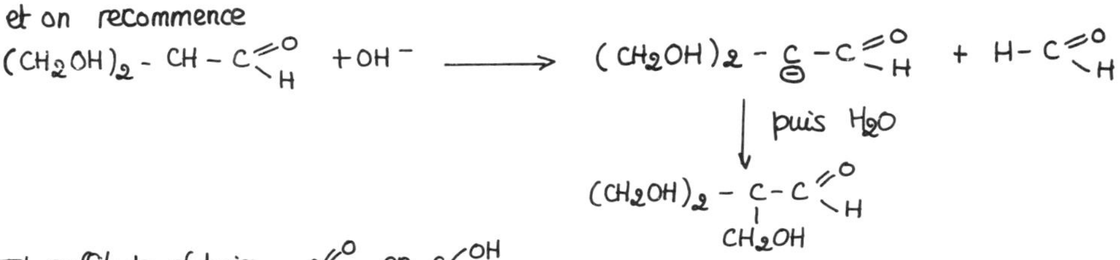

Il suffit de réduire C=O en C–OH
LiAlH4, par exemple, marche bien.

$$(CH_2OH)_3-C-C\begin{smallmatrix}{=O}\\{-H}\end{smallmatrix} + \frac{1}{2}\,LiAlH_4 \xrightarrow[H_2O/H^+]{puis} (CH_2OH)_4C$$

C'est une réaction d'aldolisation en chaîne. On ne passe pas en milieu acide, ou en milieu basique chaud donc il n'y a pas crotonisation comme pour la synthèse du butanol 1.

III. Dosages d'un acide aminé.

1.a)

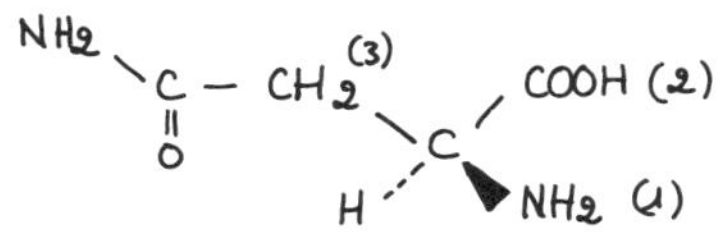

asparagine S

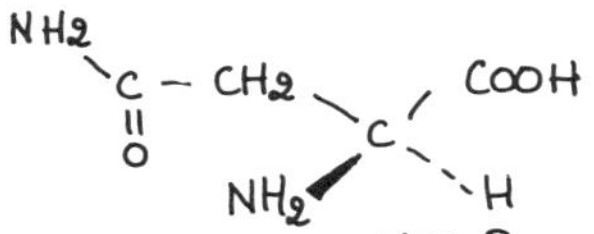

asparagine R

b)- $pKa_1 = 2,1$ $H_2A^+ / HA^{\pm}$
$pKa_2 = 8,8$ $HA^{\pm} / A^-$

pH d'une solution d'asparagine 10^{-2} M :

La réaction prépondérante est :

$$2HA^{\pm} \underset{K}{\rightleftharpoons} H_2A^+ + A^- \qquad K = \frac{Ka_2}{Ka_1} = 10^{-47}$$ très limité

$$Ka_1 = \frac{[HA^{\pm}][H_3O^+]}{[H_2A^+]} \qquad Ka_2 = \frac{[HA^{-}][H_3O^+]}{[HA^{\pm}]}$$

d'où $Ka_1 Ka_2 = \dfrac{[A^-]}{[H_2A^+]}[H_3O^+]^2$

On peut admettre que $[H_2A^+] = [A^-]$ d'après la réaction (1).

$Ka_1 Ka_2 = [H_3O^+]^2$

d'où $\boxed{pH = \frac{1}{2}(pKa_1 + pKa_2) \simeq 5,45}$

On a négligé les réactions suivantes :

$H_2O + HA^{\pm} \rightleftharpoons H_2A^+ + HO^-$ } négligeables si $[H_2A^+] \geq [OH^-]$
$H_2O + HA^{\pm} \rightleftharpoons A^- + H_3O^+$ } ou $[A^-] \gg [H_3O^+]$

$$[H_2A^+] = \frac{10^{-2} \times 10^{-pH}}{Ka_1} = 4,47 \cdot 10^{-6} \gg [OH^-] = 2,82 \cdot 10^{-9}\ M.$$

$$[A^-] = \frac{Ka_2 \cdot 10^{-2}}{10^{-pH}} = 4,41 \cdot 10^{-6} \not\gg [H_3O^+]$$

Il faut donc considérer deux réactions en parallèle :

$2HA^{\pm} \rightleftharpoons H_2A^+ + A^-$ $K = 10^{-6,7}$ très limité
$HA^{\pm} + H_2O \rightleftharpoons A^- + H_3O^+$ $K = 10^{-8,8}$ très limité aussi

On a la conservation de la matière :

$[H_2A^+] + [HA^{\pm}] + [A^-] = 10^{-2}$ (1) avec $[HA^{\pm}] = x$

et on a l'électroneutralité :

$[H_2A^+] + [H_3O^+] = [OH^-] + [A^-]$ (2).

On est autour de pH = 5,5 donc $[HA^{\pm}]$ est prédominant

d'où $x \simeq 10^{-2}$ mol.L^{-1}. De plus $[H_3O^+] \gg [OH^-]$

De (2), on ire :

$$\frac{xh}{Ka_1} + h - \frac{x Ka_2}{h} = 0$$

$$h^2\left(1 + \frac{x}{Ka_1}\right) = x Ka_2$$

donc $h^2 = \dfrac{x Ka_2}{1 + \dfrac{x}{Ka_1}}$ avec $x = [HA^{\pm}] \simeq 10^{-2}$ mol.l^{-1}

d'où $h = 2,649 \cdot 10^{-6}$ mol.L^{-1} et $\boxed{pH = 5,58}$

On vérifie qu'à ce pH : $[HA^{\pm}] \gg [H_2A^+]$ et $[A^-]$
$[HA^{\pm}] = 10^{-2}$; $[H_2A^+] = 3,31 \cdot 10^{-6}$; $[A^-] = 6,03 \cdot 10^{-6}$

2) Dosage :

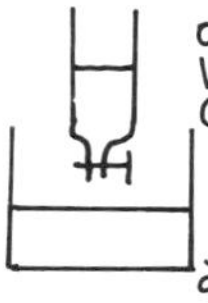

a)- (I) $\underset{10^{-2}}{HA^{\pm}} + OH^- \rightarrow A^- + H_2O$ $\quad K = \dfrac{Ke}{Ka_2} = 10^{5,2}$ donc réaction totale

On néglige l'action de H_2A^+ sur OH^- ; $[H_2A^+] = 3,31.10^{-6}$ mol.L^{-1} } le dosage a lieu mais la consommation de OH^- est négligeable face à la réaction (I) du dosage.

Calculons V équivalence : à l'équivalence $cVe = 10.10^{-2}$
d'où $\boxed{Ve = 1\,ml}$

• Pour $V < Ve = 1\,ml$

$HA^{\pm}$	$+\ OH^-$	$\rightarrow\ A^-$	$+\ H_2O$
$10^{-2} \times V_0$	cV		
$10^{-2} \times V_0 - cV$	0	cV	

or $K_{A_2} = \dfrac{[H_3O^+][A^-]}{[HA^{\pm}]}$ d'où $pH = pK_{A2} + \log \dfrac{cV}{V_0 \times 10^{-2} - cV}$ avec $V_0 = 10\,ml$ et $c = 10^{-1}$ mol.L^{-1}

d'où pour $V = 0,5\,ml$: on est à la 1/2 équivalence donc $10^{-2}\,V_0 = 2\,cV$

$\boxed{\text{pour } V = 0,5\,ml \qquad pH = pK_{A2} = 8,8}$

• Pour $Ve = V = 1\,ml$

$HA^{\pm}$	$+\ OH^-$	$\rightleftharpoons\ A^-$	$+\ H_2O$
C_0V_0	cVe		
ε	ε	cVe	

La réaction prépondérante suivant (I) est la réaction inversée très limitée.

$[HA^{\pm}] = [OH^-] = \dfrac{Ke}{[H_3O^+]}$

$K_{A2} = \dfrac{[H_3O^+][A^-]}{[HA^{\pm}]} \Rightarrow K_{A2} = \dfrac{h^2}{Ke}[A^-]$

$pH = \frac{1}{2}(pK_{A2} + pKe + \log[A^-])$ avec $[A^-] = \dfrac{cVe}{V_0 + Ve}$ donc $[A^-] = 9,09.10^{-3}$ mol.L^{-1}

d'où pour $\boxed{Ve = 1\,ml \qquad pH = 10,4}$

• Pour $V > Ve$ Tout a été dosé selon I.
Ensuite $OH^- + H_2O \rightleftharpoons H_2O + OH^-$

$pH = pKe + \log[OH^-]$ avec $[OH^-] = \dfrac{cV - cVe}{V_0 + V}$

donc pour $V = 2\,ml$ $[OH^-] = 8,33.10^{-3}$ mol.L^{-1}
donc pour $\boxed{V = 2\,ml \qquad pH = 11,9}$

b)- le pourcentage d'asparagine non dosée à l'équivalence est :

$\rho = \dfrac{[HA^{\pm}]_e}{[HA^{\pm}]_0}$ ← initial $= 10^{-2}$ mol.L^{-1}

$[HA^{\pm}]_e = [OH^-]_e = 10^{-14+pH} = 2,5.10^{-4}$ mol.L^{-1}

donc $\boxed{\rho = 2,5\%}$

Allure de la courbe :

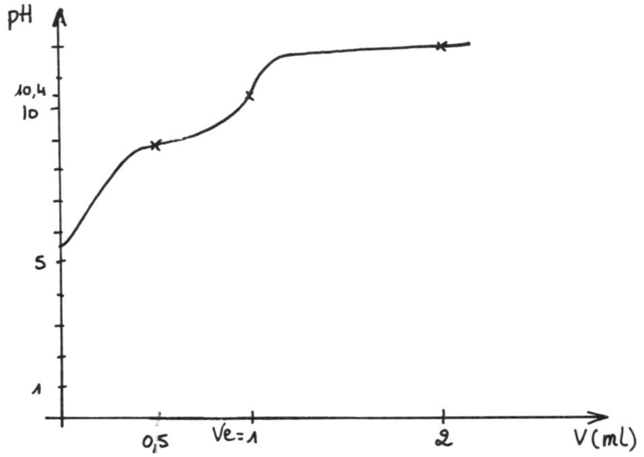

L'équivalence est peu marquée

3) – $HA^{\pm} + H_3O^+ \longrightarrow H_2A^+ + H_2O$ $\quad K = \frac{1}{Ka} = 10^{2,1}$ réaction totale

nombre de moles : $5\times0{,}02 \quad 5\times0{,}02$; $2 \quad \varepsilon \quad 5\times0{,}02$

On a donc une solution S de H_2A^+ $\frac{0{,}02}{2}$ (Attention : nombre de mole $5\times0{,}02$ et volume $= 10$!)

S : H_2A^+ $\quad c_0 = 0{,}01\ mol.L^{-1}$ et $V_0 = 10\ mL$.

a) – • $V = 0\ ml$ $\quad H_2A^+ + H_2O \xrightarrow{KA_1} HA^{\pm} + H_3O^+$ réaction limitée : $KA_1 = 10^{-2,1}$

10^{-2}

$10^{-2} - h \qquad h \qquad h$

$KA_1 = \frac{h^2}{10^{-2} - h}$ d'où $h^2 + KA_1 h - 10^{-2} KA_1 = 0$ on résoud et on trouve $h = 5{,}786.10^{-3}\ mol.L^{-1}$

donc $\boxed{pH = 2{,}24}$

Dosage :

$H_2A^{\pm} + OH^- \xrightarrow{K = 10^{11,9}} HA^{\pm} + H_2O$

$HA^{\pm} + OH^- \xrightarrow[K' = 10^{5,2}]{} A^- + H_2O$

$K \gg K'$: on peut les traiter l'une après l'autre.

$H_2A^+ + OH^- \longrightarrow HA^{\pm} + H_2O$

nombre de moles : $4{,}21.10^{-3}\times V_0 \quad 0{,}1\times V \quad 5{,}786.10^{-3}\times V_0$; $0 \quad 0{,}1V - 4{,}21.10^{-3}V_0 \quad 10^{-2}V_0$ $\quad$ si $V > 0{,}4\ ml$

$HA^{\pm} + OH^- \longrightarrow A^- + H_2O$

$10^{-2}V_0$

$0{,}1V - 4{,}21.10^{-3}V_0$

•$V = 1\ ml$

$$[HA^{\pm}] = \frac{0{,}1 - (0{,}1 - 4{,}21.10^{-2})}{V_0 + V} = 3{,}83.10^{-3}\ mol.L^{-1}$$

$$[A^-] = \frac{0{,}1 - 4{,}21.10^{-2}}{V_0 + V} = 5{,}26.10^{-3}\ mol.L^{-1}$$

et $KA_2 = \frac{[H_3O^+][A^-]}{[HA^{\pm}]}$ d'où $pH = pKA_2 + \log\frac{[A^-]}{[HA^{\pm}]}$

donc pour $\boxed{V = 1ml \quad pH = 8{,}94}$

• <u>V > 1ml</u>

$$HA^{\pm} + OH^{-} \xrightarrow{K=10^{5,2}} A^{-} + H_2O$$

$3,83.10^{-3}\times 11$ $\quad C(V-1)$ $\qquad 5,26.10^{-3}\times 11$

<u>A l'équivalence</u> : $3,83.10^{-3}\times 11 = C(V-1) = 0,1(V-1)$

d'où $V-1 = 0,42$

donc $V_e = 1,42$ ml

$$HA^{\pm} + OH^{-} \rightleftharpoons A^{-} + H_2O$$

$3,83.10^{-3}\times 11$ $\quad C(V_e-1)$

ε $\quad \varepsilon$ $\quad 5,26.10^{-3}\times 10$ $\quad c(V_e-1)$

on a $K_A = \dfrac{[A^-][H_3O^+]}{[HA^{\pm}]} = \dfrac{[A^-]h^2}{Ke}$ or $[A^-] = \dfrac{5,26.10^{-3}\times 11 + 0,1\times 0,421}{11,42}$

c'est-à-dire $[A^-] = 8,756.10^{-3}$ mol.L^{-1}

et $pH = \frac{1}{2}(pK_A + pKe + \log[A^-])$ d'où $pH = 10,37$

et $f = 2,3\%$ (b)

<u>Après l'équivalence : $V > V_e = 1,42$ ml</u>

$$OH^{-} + H_2O \rightleftharpoons H_2O + OH^{-}$$

or $[H_3O^+] = \dfrac{Ke}{[OH^-]}$ et $pH = pKe + \log[OH^-]$

donc à $V = 2$ ml $[OH^-] = \dfrac{cV - cV_e}{V_o + V} = 4,83.10^{-3}$ mol.L^{-1}

donc pour $V = 2$ml $pH = 11,68$

Centrale/Sup'Élec 83 — **Option P'**

I Cours : l'ammoniac liquide
II Chimie organique
III Réactivité des ions du chrome en solution aqueuse

Durée : 3H

L'épreuve se compose de trois parties indépendantes.

I. Question de cours : L'ammoniac liquide

On demande aux candidats d'établir un plan clair mettant en évidence les principales propriétés physiques et chimiques de l'ammoniac liquide ; on les comparera avec celles de l'eau liquide.

II. Chimie Organique : Cette partie comprend trois questions indépendantes les unes des autres.

1°) Le brcmo-2 phényl-1 propane est un composé optiquement actif. Soit A l'isomère possèdant la configuration (S).

a) représenter dans l'espace la structure de A.

b) A réagit avec le cyanure de potassium en solution aqueuse pour donner un composé B.

La vitesse de cette réaction obéit à l'équation cinétique : $v = k\,[A]\,[CN^-]$.

Représenter dans l'espace la structure de B. Expliciter le raisonnement.

c) on réalise la suite des transformations suivantes :

$$B \xrightarrow{H^+_{aq}} C \text{ (non isolé)} \xrightarrow{H^+_{aq}} D \xrightarrow{SOCl_2} E \xrightarrow{AlCl_3} F \;(C_{10}H_{10}O \text{ : molécule bicyclique})$$

- Donner les structures de C, D, E et F. Justifier la réponse.
- Indiquer avec soin le mécanisme probable de la formation de F à partir de E.

d) F est optiquement actif : traité par un acide ou par une base, il perd son activité optique.
Expliquer.

2°) En vue d'établir la stéréochimie de l'addition radicalaire du bromure d'hydrogène sur les alcènes à basse température, on soumet séparément les stéréoisomères du butène-2 à une action du bromure de deutérium (D-Br) en présence de peroxydes, suivie d'un traitement par l'éthanolate de sodium dans l'éthanol (élimination E_2). Après ces deux réactions successives, on recueille
. à partir du butène-2 (Z), un mélange de butène-2 (Z) et de deutéro-2 butène- 2 (E).
. et à partir du butène-2 (E), un mélange de butène-2 (E) et de deutéro-2 butène-2 (Z).

a) Déduire de ces résultats la stéréochimie de l'addition de D - Br en indiquant à l'aide de la représentation de Newman la suite des réactions subies par chacun des stéréoisomères du butène-2.

b) Rappeler le mécanisme proposé pour l'addition du bromure d'hydrogène, dans ces conditions, sur le butène-1.

3°) Synthèse : A partir de l'éthanol comme seul composé organique et de tout composé minéral nécessaire, proposer une méthode de synthèse du méthyl-3 pentanol-1 (on préparera intermédiairement le butanol-2). Préciser à chaque fois les conditions opératoires.

III. Réactivité des ions du chrome en solution aqueuse :

1°) En écrivant l'équilibre chimique reliant ces deux composés, montrer que l'ion dichromate est acide par rapport à l'ion chromate.
Calculer le pH d'une solution de dichromate de potassium de concentration molaire volumique $2{,}5.10^{-2}$ mol.l^{-1}.

Donnée : $\frac{1}{2}\,[Cr_2O_7,\ H_2O]^{2-}\ /\ (CrO_4)^{2-}$: pKA = 7,2 à 25°C.

Total

Recettes Locales	1.050.072	647.783
Compens CARTRANS	18.605	576
Compens STGA	60.446	
Subventions Paris		
Compens Départnt		
Contractuels		
Publicité		
Messageries	1.410	
Divers Garage	44.728	45.
Divers Exploitation	-2.219	-2.
Divers Administration	594	
Recettes Totales	1.173.636	692

I Cours : l'ammoniac liquide
II Chimie organique
III Réactivité des ions du chrome en solution aqueuse

chlorure de baryum de concentration molaire
joute du dichromate de potassium de concen-
mol.l^{-1}. Il apparaît un précipité jaune de
négligera tout effet de dilution.
associée à cette précipitation.
on obtenue à l'équilibre.
9,7 à 25°C

oser l'ion baryum par la soude en présence d'ion
ns imposées par la question 2° ; on calculera le
ence et on déterminera avec quelle précision
sera le volume constant dans toutes ces opé-

4°) On peut oxyder sélectivement les iodures en présence de bromures par le dichromate de potassium, en se plaçant à un pH convenable.

a) Expliquer qualitativement les phénomènes.

b) Connaissant les potentiels standard des systèmes oxydoréducteurs suivants à 25°C : $Cr_2O_7^{2-}{}_{aq.}/Cr^{3+}$: 1,33 V ; $Br_{2\,aq.}/Br^-$: 1,10 V ; $I_{2\,aq.}/I^-$: 0,62 V

Calculer entre quelles valeurs limites de pH l'on doit se placer pour oxyder au moins 99,9% de l'iodure sans oxyder plus de 0,1% de bromure.

Le mélange étudié est un mélange équimolaire de bromure et d'iodure de sodium (concentrations molaires volumiques égales à 2.10^{-2} mol.l^{-1}). Le dichromate de potassium ajouté est de concentration molaire volumique 0,1 mol. l^{-1} ; on supposera que tous les corps restent en solution ; on négligera tout effet de dilution.

5°) Diagramme potentiel pH des ions du chrome :

a) Etablir à l'aide des données suivantes le diagramme potentiel-pH des ions du chrome et des espèces solides citées en prenant par convention les concentrations des espèces stables en solution égales à 1 mol.l^{-1}.
On indiquera les équations de toutes les droites frontières.

Données utiles à 25°C :

Produit de solubilité de l'hydroxyde de chrome III	$Cr(OH)_{3\,s}$	: pKs = 30
Constante d'acidité de l'hydroxyde de chrome III, vis à vis de l'anion chromite	$Cr(OH)_{3\,s}/CrO_2^-$	: pKA = 14,4
Constante d'acidité de l'ion dichromate vis à vis de l'anion chromate	$\frac{1}{2}\,(Cr_2O_7)^{2-}/CrO_4^{2-}$	: pKA = 7,2

Potentiels standards des couples : à 25°C

$(Cr_2O_7)^{2-}/Cr^{3+}$	Cr^{3+}/Cr^{2+}	Cr^{2+}/Cr_s
1,33 V	-0,41 V	-0,91 V

b) Proposer des réactions chimiques simples permettant de mettre en évidence les transformations principales entre les diverses espèces.

I. L'ammoniac liquide

1. Structure et propriétés physiques.

- Comme H_2O, NH_3 possède un moment dipolaire.
- Les liaisons N-H sont fortement polarisées, donc on aura des liaisons H dans NH_3 liquide.
- La constante diélectrique de NH_3 liquide ($\varepsilon_t = 22$) est plus faible que celle de H_2O ($\varepsilon_t = 80$).
- on aura un équilibre d'autoprotolyse :

$$2NH_3 \rightleftharpoons NH_2^- + NH_4^+ \quad (K_N = 10^{-32} \text{ à } -33°C)$$

qui explique une faible conductivité de l'ammoniac liquide.

2. Acidobasicité dans NH_3

Un équilibre acidobasique dans NH_3 s'écrit :

$$AH + NH_3 \rightleftharpoons NH_4^+ + A^-$$

Dans l'eau, on a :

$$AH + H_2O \rightleftharpoons H_3O^+ + A^-$$

On définit une constante d'acidité par :

$$K_a^{NH_3} = \frac{[NH_4^+][A^-]}{[AH]}$$

qui ne peut être reliée de manière simple à K_a^{eau}.
Un acide fort dans NH_3 est, par exemple : $NO_3NH_4^+$.
Une base forte dans NH_3 est, par exemple : KNH_2.

Beaucoup d'acides qui étaient faibles dans l'eau deviennent forts dans NH_3. Donc NH_3 a un effet nivelant des acides.
En revanche, beaucoup de bases qui étaient fortes dans l'eau deviennent faibles dans l'ammoniac.
Exemple :

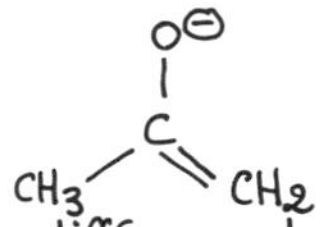

On parle de pouvoir différenciant des bases.

3. Oxydoréduction dans NH_3.

Les couples du solvant sont :

$$2NH_4^+ + 2e^- \rightleftharpoons 2NH_3 + H_2$$

$$3NH_4^+ + \frac{1}{2}N_2 + 3e^- \rightleftharpoons 4NH_3$$

NH_3 lui-même a un domaine d'existence très réduit. Cependant, la cinétique de ces deux couples est lente. C'est pourquoi on peut préparer des solutions d'oxydants ou de réducteurs puissants dans NH_3.

4. Effets de solvation.

La solubilité des sels est très différente quand on passe de l'eau à l'ammoniac liquide. Ce dernier dissout mieux les gros cations et les gros anions, mais pour l'eau, c'est souvent le contraire.

En fait, le phénomène est beaucoup plus complexe puisqu'il intervient beaucoup de facteurs, par exemple, la complexation.
ex : $Cu(NH_3)_4^{2+}$ est plus stable que $Cu(OH_2)_4^{2+}$.

Quand on dissout un métal alcalin dans l'ammoniac, on n'observe pas de dégagement de H_2 comme le prévoit la thermodynamique, mais une coloration claire dûe à des électrons solvatés.

$$Na \xrightarrow[\text{rapide}]{NH_3} Na^+ + e^-_{\text{solvaté}}$$

$$NH_3 + e^-_{\text{solvaté}} \xrightarrow{\text{lent}} NH_2^- + \frac{1}{2}H_2\nearrow$$

II. Chimie organique

1. A est l'un des énantiomères de

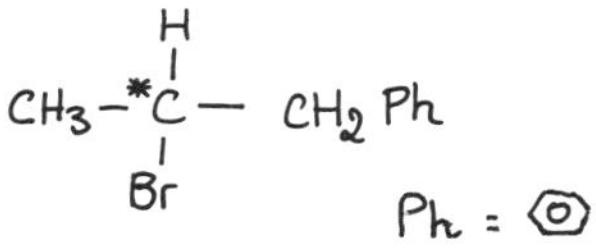

On commence par représenter A dans la représentation de Newman :

Φ = Ph = phenyl

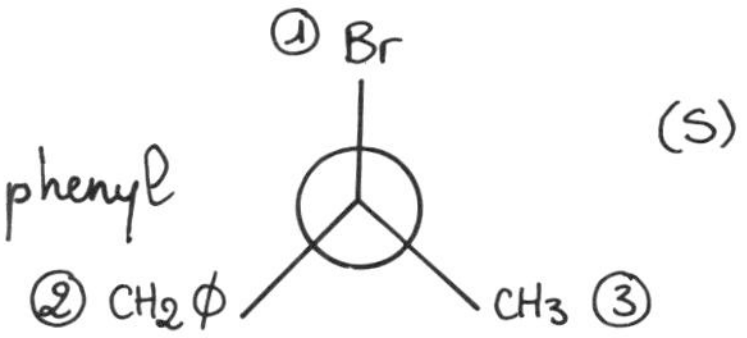

Puis on passe à la représentation dans l'espace :

b. La réaction est une substitution nucléophile : CN^- est le nucléophile et Br^- est le groupe partant.
La cinétique est d'ordre 2 (ordre 1 par rapport à A et ordre 1 par rapport à 2). Il s'agit donc d'une substitution nucléophile S_N2.
Pour ce type de mécanisme, $Br^{\ominus}$ part dans une direction opposée à celle où $CN^{\ominus}$ arrive lors de l'état de transition : il se produit une inversion de Walden sur le carbone concerné :

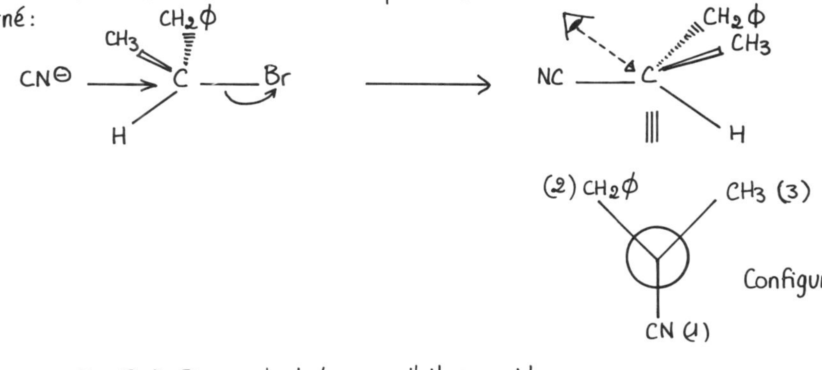

Configuration R.

c. De B à D, on hydrolyse un nitrile en acide.

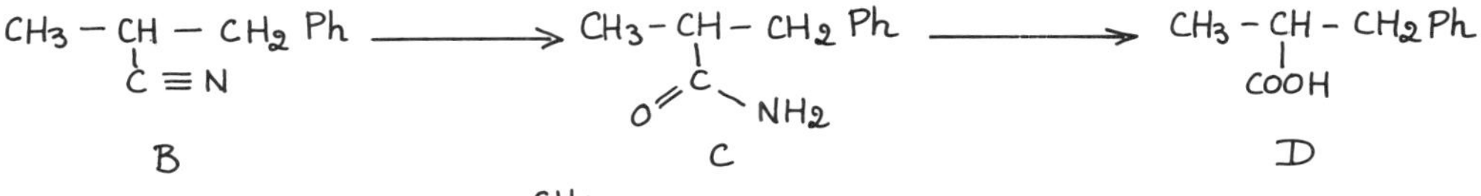

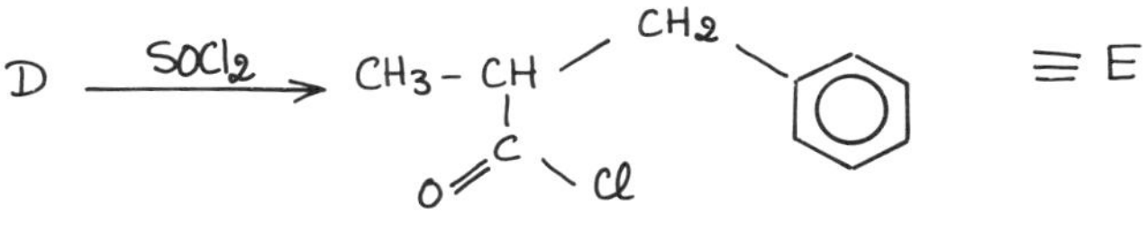

La réaction qui mène à F est une acylation de Friedel et Craft.
$AlCl_3$ est un acide de Lewis et est complexé par le chlorure d'acyle :

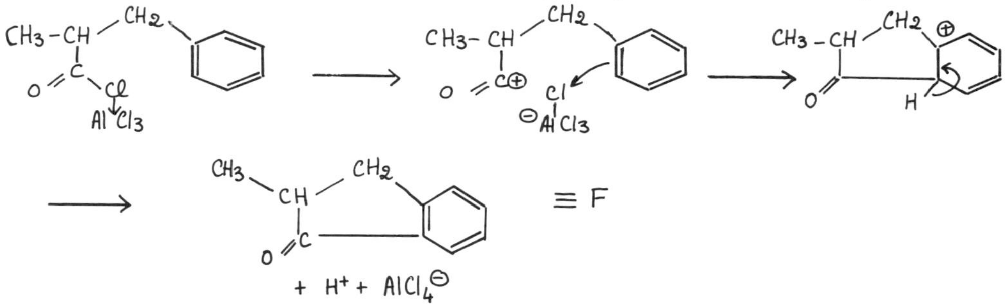

d). Au cours des réactions menant de B à F, on ne met pas en jeu le carbone dissymétrique de B. Celui-ci garde donc la géométrie qu'il avait

On en déduit que :

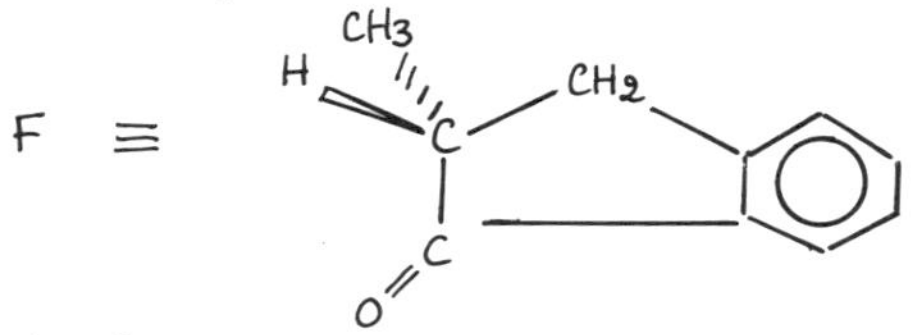

Quand on fait agir une base ou un acide, on énolise cette cétone

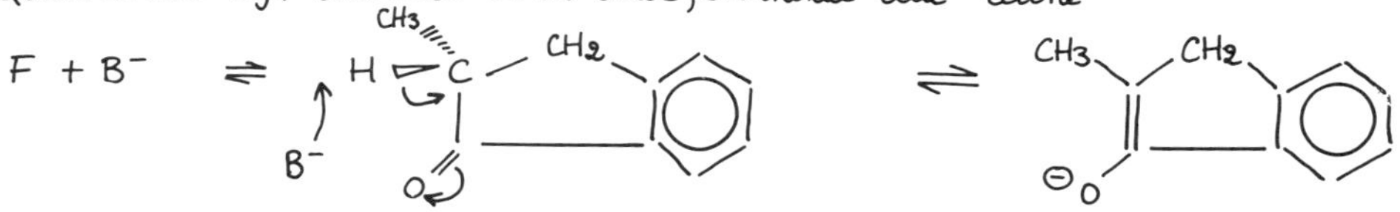

On obtient une entité plane qui peut se reprotonner selon les deux faces, équiprobablement, lors de la réaction inverse :

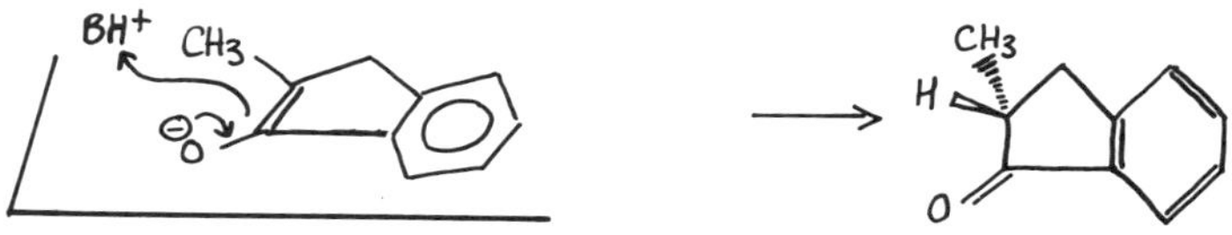

ou

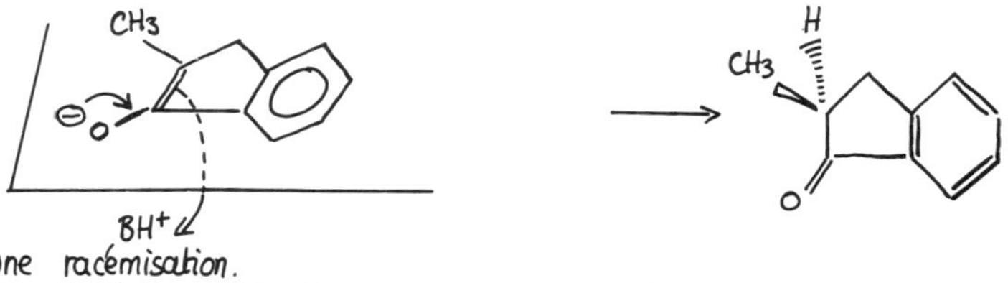

d'où une racémisation.
En milieu acide, on obtient aussi une racémisation, le mécanisme de l'énolisation étant cette fois :

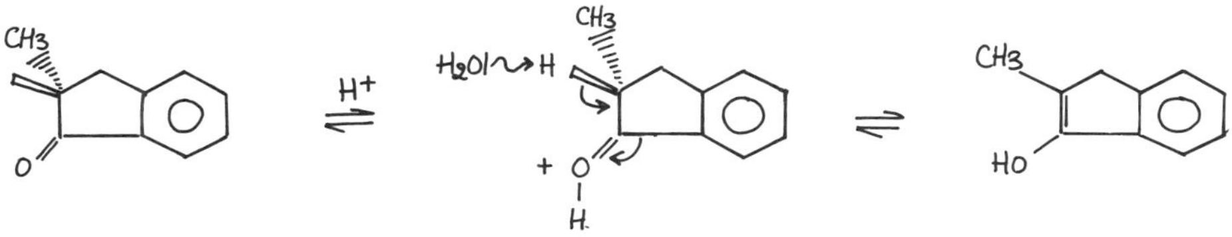

2°)_ a Le schéma des réactions est le suivant :

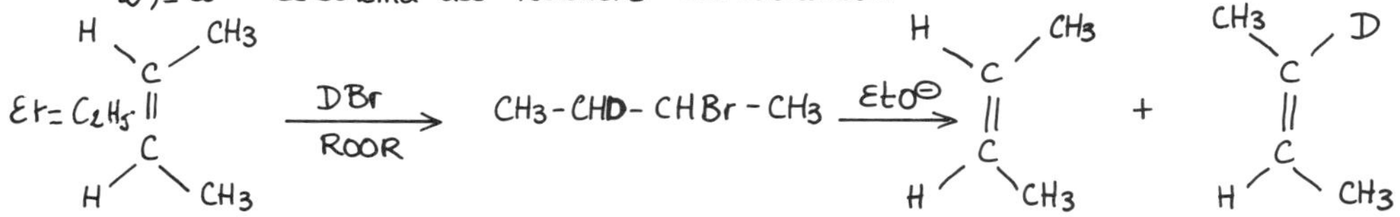

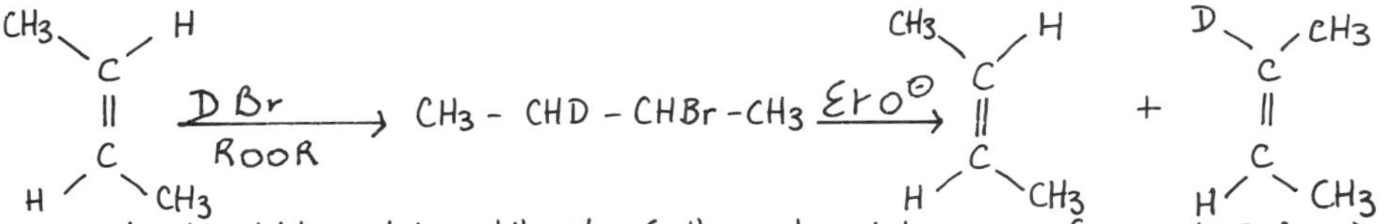

Le produit d'addition tel qu'il est écrit, peut exister sous formes de 3 isomères

I

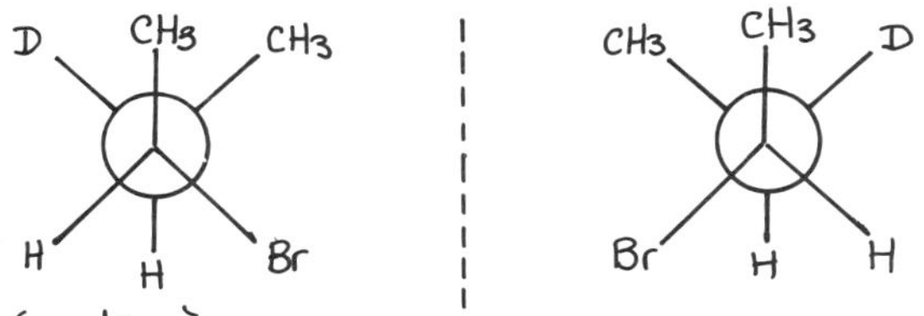

I'

I et I' sont énantiomères.

II

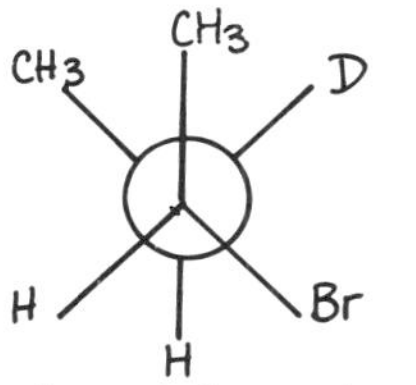

II n'est pas chiral.

L'élimination avec l'éthanolate est du type E_2 : il s'agit d'une élimination trans où les groupes éliminés (H^+/Br^- ou D^+/Br^-) sont antipériplanaires.
Pour chacun des isomères, on peut écrire les conformères conduisant à l'élimination et le produit d'élimination correspondant :

Pour I

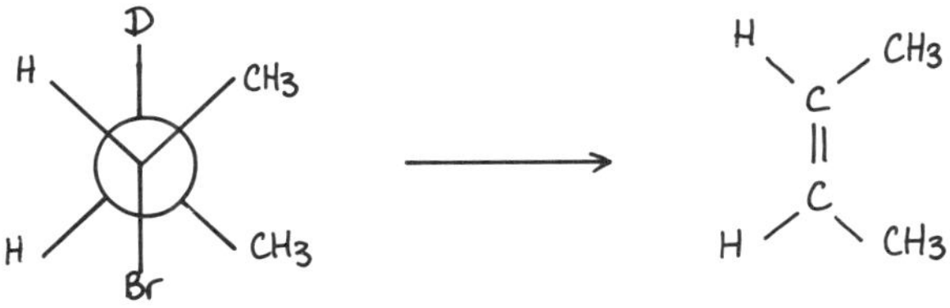

ou

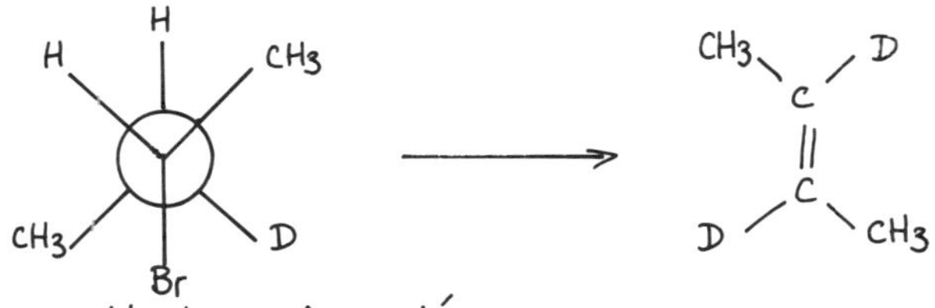

Pour I' on obtient le même schéma que pour I.

Pour II

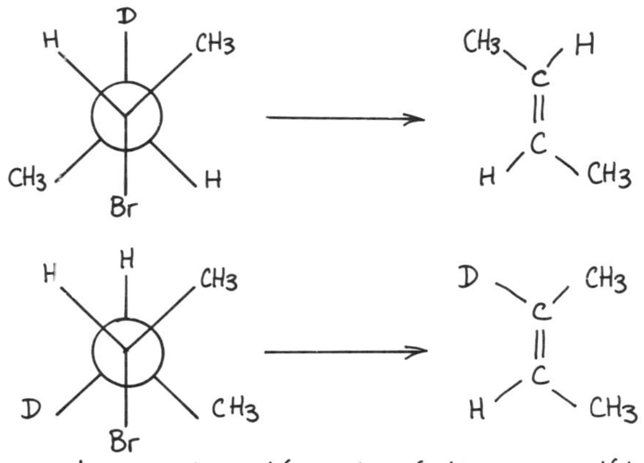

En comparant avec le schéma de réaction, on en déduit :

- que l'addition de D-Br sur le butène-2 (Z) aboutit à l'isomère I et/ou I'.
- que l'addition de D-Br sur le butène-2 (E) aboutit à l'isomère II.

On a donc une addition trans :

butène 2 (Z) :

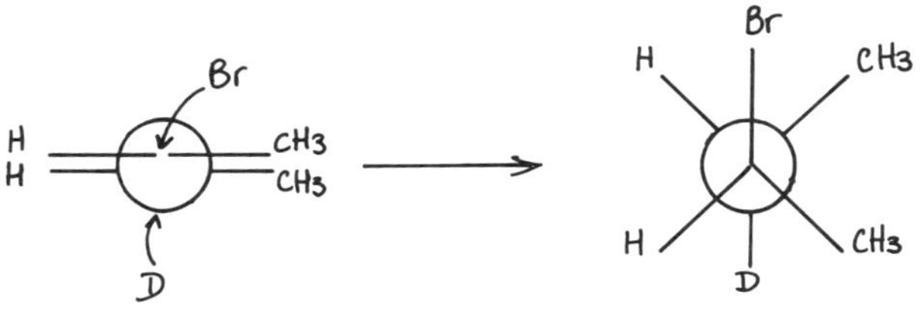

≡ I'

ou

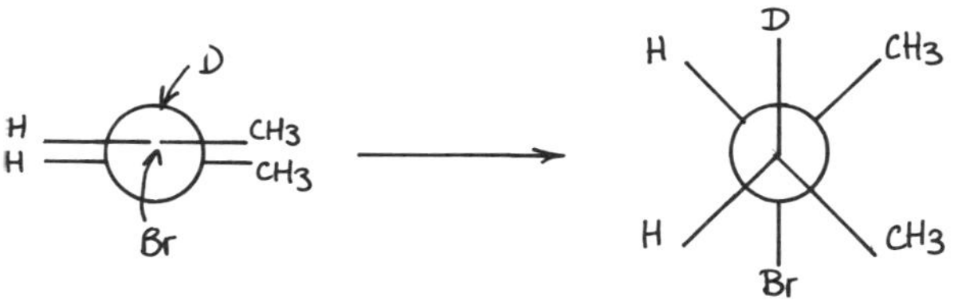

≡ I

<u>butène 2 (E)</u>

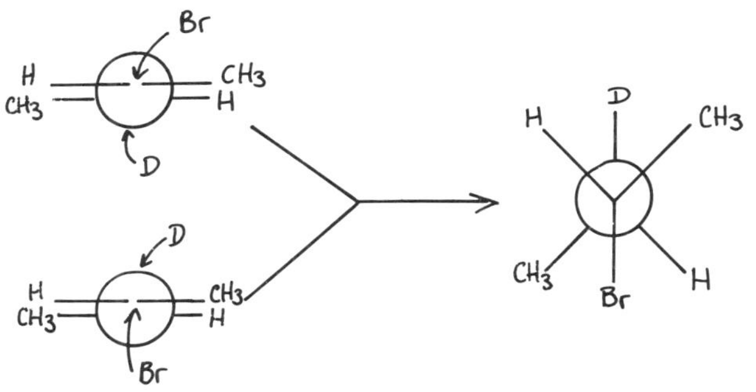

≡ II

b. Le mécanisme d'addition dans ces conditions est "un mécanisme radicalaire en chaine" :

initiation : $ROOR \longrightarrow 2RO^\bullet$

$RO^\bullet + DBr \longrightarrow ROD + Br^\bullet$

propagation : $Br^\bullet + CH_3-CH=CH-CH_3 \longrightarrow CH_3-CH^\bullet-CH(Br)-CH_3$

$CH_3-CH^\bullet-CH(Br)-CH_3 + DBr \longrightarrow CH_3-CH(D)-CH(Br)-CH_3 + Br^\bullet$

rupture : $2\ CH_3-CH^\bullet-CH(Br)-CH_3 \longrightarrow (CH_3)(CH_3CHBr)CH-CH(CH_3)(CHBrCH_3)$

$2\ Br^\bullet \longrightarrow Br_2$

3°) <u>Synthèse</u>.

Pour synthétiser le butanol-2, on peut faire agir le magnésien du bromure d'éthyle sur l'acétaldéhyde.

$CH_3CH_2OH \xrightarrow{PBr_3} CH_3CH_2-Br \xrightarrow{Mg} CH_3CH_2MgBr$

$CH_3CH_2OH \xrightarrow{CrO_3,\ pyridine} CH_3-CHO$

$CH_3CH_2MgBr + CH_3-CHO \longrightarrow CH_3-CH_2-CH(O^\ominus\ MgBr^\oplus)-CH_3 \xrightarrow{H_2O} CH_3-CH_2-CH(OH)-CH_3 \equiv A$

A partir du butanol-2, on peut faire le magnésien correspondant

$A \xrightarrow{PBr_3} \xrightarrow{Mg} CH_3-CH_2-CH(MgBr)-CH_3$

On prépare parallèlement l'oxyde d'éthylène

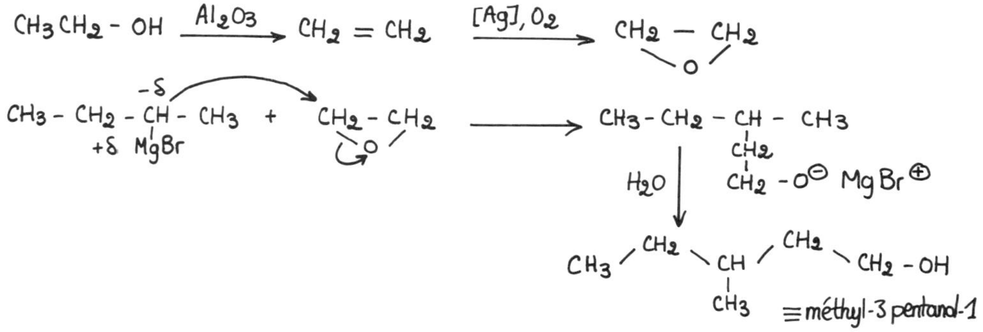

III. Réactivité des ions du chrome en solution aqueuse.

1°). Les ions dichromates et chromates sont respectivement $Cr_2O_7^{2-}$ et CrO_4^{2-}.
L'équilibre entre les deux espèces s'écrit :

$$\frac{1}{2}\,Cr_2O_7^{2-} + H_2O \rightleftharpoons CrO_4^{2-} + H^+_{aq}$$

La conservation du chrome dans la solution s'écrit :

$$2\,[Cr_2O_7^{2-}] + [CrO_4^{2-}] = 2 \times 2{,}5.10^{-2}$$

D'après la valeur du pK_A, le dichromate est un acide faible, donc peu dissocié, d'où

$$[Cr_2O_7^{2-}] \gg [CrO_4^{2-}]$$
$$[Cr_2O_7^{2-}] \simeq 2{,}5.10^{-2}\ mol.l^{-1}$$

l'électroneutralité s'écrit :

$$2\,[Cr_2O_7^{2-}] + [OH^-] + 2\,[CrO_4^{2-}] = [H_3O^+] + [K^+]$$

$[OH^-]$ est négligeable, la solution étant acide.
$[K^+] = 5.10^{-2}\ mol.l^{-1}$

d'où $2\,[CrO_4^{2-}] = [H_3O^+]$

La constante d'acidité s'écrit :

$$K_A = \frac{[CrO_4^{2-}][H^+_{aq}]}{[Cr_2O_7^{2-}]^{1/2}} \quad \text{c'est-à-dire} \quad K_A = \frac{1}{2}\,\frac{[H^+_{aq}]^2}{[Cr_2O_7^{2-}]^{1/2}}$$

d'où $[H^+] = 1{,}41.10^{-4}\ mol.l^{-1}$ donc $\boxed{pH = 3{,}85}$

2°). L'équilibre entre dichromate et chromate est situé vers la formation du dichromate.

On ajoute des ions Ba^{2+} qui vont consommer des ions chromates sous forme de précipité. L'équilibre acidobasique jouant, il fera apparaître des ions H^+. La réaction s'écrit : $\frac{1}{2}\,Cr_2O_7^{2-} + \frac{1}{2}\,H_2O \rightleftharpoons CrO_4^{2-} + H^+_{aq}$

à l'équilibre on tient compte de

$$\begin{cases} \frac{1}{2}\,Cr_2O_7^{2-} + \frac{1}{2}\,H_2O \rightleftharpoons CrO_4^{2-} + H^+_{aq} & K_A = 10^{-7,2} \\ CrO_4^{2-} + Ba^{2+} \rightleftharpoons BaCrO_4 \downarrow & K_S = 10^{-9,7} \end{cases}$$

Le milieu est acide : on négligera $[OH^-]$.
D'autre part, $Cr_2O_7^{2-}$ a été rajouté en large excès par rapport à Ba^{2+} : on pourra donc considérer que tout le baryum est précipité et

$$2\,[Cr_2O_7^{2-}] + [CrO_4^{2-}] = 2{,}5.10^{-2}$$

$[CrO_4^{2-}]$ est négligeable devant $[Cr_2O_7^{2-}]$.

$2[Cr_2O_7^{2-}] = 1{,}95 . mol.l^{-1}$

$[Cr_2O_7^{2-}] = 0{,}975 \ mol.l^{-1}$

compte-tenu des hypothèses, l'électroneutralité s'écrit :

$[K^+] + 2[Ba^{2+}] + [H^+aq] = [Cl^-] + 2[Cr_2O_7^{2-}]$

soit $2[Ba^{2+}] + [H^+aq] = 0{,}05$.

L'expression de Ka donne :

$K_A [Cr_2O_7^{2-}]^{1/2} = [H^+aq][CrO_4^{2-}]$

$[H^+][CrO_4^{2-}] = 6{,}23 . 10^{-8}$

Celle du Ks donne :

$[Ba^{2+}][CrO_4^{2-}] = 2 . 10^{-10}$

donc $[H^+] = 311{,}5 \ [Ba^{2+}]$

ce qui montre que $[Ba^{2+}]$ est négligeable devant $[H^+]$

d'où $[H^+] = 0{,}05 \ mol.l^{-1}$ et $\boxed{pH = 1{,}3}$

on vérifie les hypothèses en trouvant que :

$[CrO_4^{2-}] = 1{,}246 . 10^{-6} \ mol.L^{-1}$

$[Ba^{2+}] = 3{,}33 . 10^{-4} \ mol.L^{-1}$

$[H^+] = 0{,}0496 \ mol.L^{-1}$

3°). La question précédente montre que la réaction de précipitation est quasi-complète : pour 0,05 mole de Ba^{2+} au départ, on obtient 0,05 mole de proton, que l'on peut doser.

L'équation complète est :

$K^+ + 1/2 \ Cr_2O_7^{2-} + 1/2 \ H_2O + Ba^{2+} + 2Cl^- \longrightarrow BaCrO_4 + K^+ + Cl^- + H^+ + Cl^-$

ce qui montre que ce que l'on dose est bien un acide fort (HCl) qui sera dosé dès une première équivalence.

On aura une seconde équivalence dûe à l'acide $Cr_2O_7^{2-}$ mis en excès, mais obtenue pour une valeur de soude beaucoup plus grande (environ 20 fois).

On appelle x la concentration en ions Na^+ introduits par la soude.

A l'équivalence, on a une solution de l'acide dichromate.

Si on considère que la réaction de précipitation a été totale, on a équivalence pour $x = 0{,}05 \ mol.L^{-1}$

l'électroneutralité s'écrit alors :

$[Na^+] + [K^+] + 2[Ba^{2+}] + [H^+] = 2[CrO_4^{2-}] + 2[Cr_2O_7^{2-}] + 2[Cl^-]$

soit $x + 2[Ba^{2+}] + [H^+] = 2[CrO_4^{2-}] + 2[Cr_2O_7^{2-}] + 2 \times 0{,}1$

et on a alors $[Ba^{2+}] \simeq 0$

$2[Cr_2O_7^{2-}] \simeq 1{,}95$

$x + [H^+] = 2[CrO_4^{2-}] + 0{,}05$

si $x_{éq} = 0{,}05$ alors $[H^+] = 2[CrO_4^{2-}]$

On reportant dans l'expression de Ka, on obtient :

$[H^+]^2 = 2 Ka [Cr_2O_7^{2-}]^{1/2}$

d'où $\boxed{pH = 3{,}38}$

L'erreur que l'on commet provient des ions $[Ba^{2+}]$ non précipités.

Or $[Ba^{2+}] = \dfrac{[H^+]}{311{,}5}$

à pH= 3,38 $[Ba^{2+}] = 1{,}34 . 10^{-6} \ mol.L^{-1}$

donc d'après la réaction de précipitation, on ne dosera pas 0,05 H^+ mais

0,05 − 1,34 . 10^{-6}, ce qui représente une erreur relative de 2,68 . 10^{-5}, ce qui est inférieur aux erreurs expérimentales.

4°) a. D'après les valeurs des couples rédox, on voit que les iodures sont plus réducteurs que les bromures.
Le couple dichromate, chrome III fait intervenir les protons dans son équilibre.

$$Cr_2O_7^{2-} + 14\,H^+_{aq} + 6e^- \rightleftharpoons 2\,Cr^{3+} + 7\,H_2O$$

La valeur 1,33 V étant donnée pour pH = 0.
Quand le pH augmente, la concentration $[H^+_{aq}]$ diminue : l'équilibre est moins déplacé vers la droite, c'est-à-dire que le dichromate est moins oxydant.

On peut donc ajuster le pH pour que $Cr_2O_7^{2-}$ soit plus oxydant que I_2 et moins oxydant que Br_2.

b. Le potentiel du couple $Cr_2O_7^{2-}/Cr^{3+}$ s'écrit, d'après la loi de Nernst :

$$E_1 = 1{,}33 + \frac{0{,}06}{6}\log\frac{[Cr_2O_7^{2-}][H^+aq]^{14}}{[Cr^{3+}]^2}$$

$$E_1 = 1{,}33 - 0{,}14\,pH + 0{,}01\log\frac{[Cr_2O_7^{2-}]}{[Cr^{3+}]^2}$$

Pour les couples I_2/I^- et Br_2/Br^-, on a respectivement :

$$Br_{2aq} + 2e^- \rightleftharpoons 2Br^- \qquad E_2 = 1{,}10 + 0{,}03\log\frac{[Br_2]}{[Br^-]^2}$$

$$I_{2aq} + 2e^- \rightleftharpoons 2I^- \qquad E_3 = 0{,}62 + 0{,}03\log\frac{[I_2]}{[I^-]^2}$$

• L'équilibre d'oxydoréduction avec l'iodure est :

$$Cr_2O_7^{2-} + 14\,H^+ + 6I^- \rightleftharpoons 2\,Cr^{3+} + 7\,H_2O + 3I_2$$

et les concentrations à l'équilibre sont caractérisées par :
$E_1 = E_3$ c'est-à-dire $1{,}33 - 0{,}14\,pH + 0{,}01\log\frac{[Cr_2O_7^{2-}]}{[Cr^{3+}]^2} = 0{,}62 + 0{,}03\log\frac{[I_2]}{[I^-]^2}$

$$0{,}71 - 0{,}01\log\frac{[Cr_2O_7^{2-}][I_2]^3}{[Cr^{3+}]^2[I^-]^6} = 0{,}14\,pH$$

on veut que 99,9 % des iodures soient consommés, c'est-à-dire que $[I^-] \leq 2 . 10^{-5}$ mol.L^{-1}
en appliquant la conservation de l'iode, ceci implique que :

$$[I_2] \simeq 10^{-2}\ mol.L^{-1}$$

et d'après la stoechiométrie de l'équilibre et la conservation des espèces chromées, on a :

$$[Cr_2O_7^{2-}] = 0{,}1 - \frac{10^{-2}}{3} = 9{,}67 . 10^{-2}\ mol.L^{-1}$$

$$\text{et } [Cr^{3+}] = 2/3 . 10^{-2} = 0{,}67 . 10^{-2}\ mol.L^{-1}$$

on trouve dans ces conditions que $\boxed{pH \leq 3{,}25}$

• de même, l'équilibre d'oxydoréduction avec le bromure est caractérisé par :
$E_1 = E_2$ c'est-à-dire $1{,}33 - 0{,}14\,pH + 0{,}01\log\frac{[Cr_2O_7^{2-}]}{[Cr^{3+}]^2} = 1{,}10 + 0{,}03\log\frac{[Br_2]}{[Br^-]^2}$

$$0{,}23 + 0{,}01\log\frac{[Cr_2O_7^{2-}][Br^-]^6}{[Cr^{3+}]^2[Br_2]^3} = 0{,}14\,pH$$

On veut que 0,1 % au plus des bromures soit consommé, c'est-à-dire que $[Br_2] \leq \frac{1}{2} \times 2.10^{-5}$

soit $[Br_2] \leq 10^{-5}$ mol.ℓ^{-1}

on a alors $[Br^-] \simeq 2.10^{-2}$ mol.l^{-1}

si on se place à pH $\leq 3{,}25$, on a déjà, d'après le paragraphe précédent :

$[Cr_2O_7^{2-}] = 9{,}67.10^{-2}$ mol.l^{-1}

$[Cr^{3+}] = 0{,}67.10^{-2}$ mol.l^{-1}

Si on oxyde moins de 0,1% de bromure, ces concentrations ne changent pas.
Dans ces conditions, on trouve que $\boxed{pH \geq 2{,}22}$

5°) Diagramme potentiel-pH des ions du chrome

a) Tracé

* équilibres acidobasiques et équilibres de précipitation.

– pour le chrome au degré d'oxydation III, on a les équilibres suivants :

(1) $Cr^{3+} + 3OH^- \rightleftharpoons Cr(OH)_3$ pks = 30

au début de précipitation : $[Cr^{3+}] = 1$ mol.l^{-1}

d'où $[OH^-] = 10^{-10}$ mol.l^{-1}

la frontière est $\boxed{pH = 4}$

(2) $Cr(OH)_3 \rightleftharpoons CrO_2^- + H_3O^+$

La constante d'équilibre est : $K_2 = [CrO_2^-][H_3O^+]$

Le précipité apparait quand $[H_3O^+] \geq K_2$

d'où une frontière entre CrO_2^- et $Cr(OH)_3$ à $\boxed{pH = 14{,}4}$

On peut résumer les zones de prédominance par le schéma suivant :

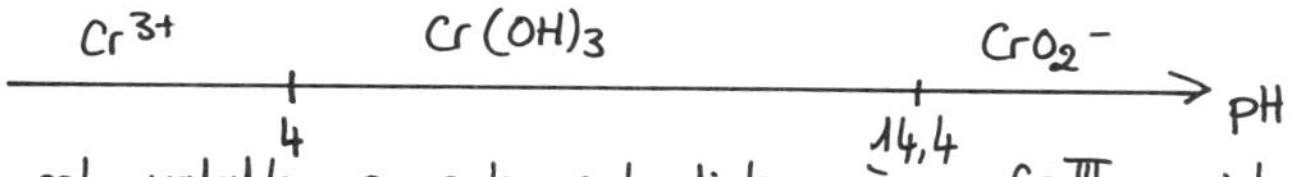

Le schéma est valable pour les potentiels où Cr III existe.

– pour le chrome au degré d'oxydation VI, on a l'équilibre :

(3) $\frac{1}{2}\, Cr_2O_7^{2-} + \frac{1}{2}\, H_2O \rightleftharpoons CrO_4^{2-} + H^+aq$

caractérisé par :

$$pH = pK_{A_1} + \log \frac{[CrO_4^{2-}]}{[Cr_2O_7^{2-}]^{1/2}}$$

La frontière est établie lorsque $2[Cr_2O_7^{2-}] = [CrO_4^{2-}]$

ce qui donne, avec la conservation des espèces chromées :

$[Cr_2O_7^{2-}] = 0{,}25$ mol.l^{-1} et $[CrO_4^{2-}] = 0{,}5$ mol.l^{-1}

et une frontière à $\boxed{pH = 7{,}2}$.

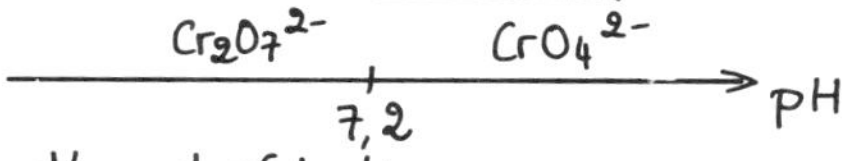

* équilibres d'oxydoréduction

– entre chrome au degré III et au degré IV.

• pour un pH<4, l'équilibre à considérer est :

(4) $Cr_2O_7^{2-} + 14\, H^+aq + 6e^- \rightleftharpoons 2\, Cr^{3+} + 7\, H_2O$

caractérisé par le potentiel d'équilibre :

$$E = 1{,}33 + 0{,}01 \log \frac{[Cr_2O_7^{2-}][H^+aq]^{14}}{[Cr^{3+}]^2}$$

à la frontière, on a : $[Cr_2O_7^{2-}] = 0,25\ mol.l^{-1}$
$[Cr^{3+}] = 0,5\ mol.l^{-1}$

d'où une frontière d'équation $\boxed{E_4 = 1,33 - 0,14\ pH}$

• pour $4 < pH < 7,2$; l'équilibre à considérer est :

(5) $Cr_2O_7^{2-} + 8H^+ + 6e^- \rightleftharpoons 2\,Cr(OH)_3\downarrow + H_2O$

or $[Cr^{3+}] = \dfrac{Ks}{[OH^-]^3}$ donc $\dfrac{[Cr_2O_7^{2-}][H^+]^{14}}{[Cr^{3+}]^2} = \dfrac{[Cr_2O_7^{2-}][H^+_{aq}]^{14}[OH^-]^6}{Ks^2}$

$$= \frac{Ke^6}{Ks}[Cr_2O_7^{2-}][H^+_{aq}]^7$$

En remplaçant dans l'expression précédente de E, on arrive à :

$$E = 1,33 - 0,06\ pKe + 0,02\ pKs - 0,08\ pH + 0,01 \log [Cr_2O_7^{2-}]$$

La frontière est donc $\boxed{E_5 = 1,09 - 0,08\ pH}$

• pour $7,2 < pH < 14,4$; l'équilibre à considérer est :

(6) $CrO_4^{2-} + 5H^+ + 3e^- \rightleftharpoons Cr(OH)_3\downarrow + H_2O$

or $K_{A_1} = \dfrac{[H^+][CrO_4^{2-}]}{[Cr_2O_7^{2-}]^{1/2}}$ donc $\dfrac{Ke^6}{Ks}[Cr_2O_7^{2-}][H^+]^8 = \dfrac{Ke^6}{K_{A_1}^2\,Ks^2}[H^+]^{10}[CrO_4^{2-}]^2$

et $E = 1,33 - 0,06\ pKe + 0,02\,(pKs + pK_{A_1}) - 0,10\ pH + 0,02 \log [CrO_4^{2-}]$

La frontière est donc $\boxed{E_6 = 1,234 - 0,10\ pH}$

• pour $pH > 14,4$, l'équilibre est :

(7) $CrO_4^{2-} + 4H^+ + 3e^- \rightleftharpoons CrO_2^- + 2\,H_2O$

CrO_2^- et Cr^{3+} sont en équilibre selon :

$$Cr^{3+} + 3OH^- \rightleftharpoons CrO_2^- + H_3O^+$$

on a $Ks = [OH^-]^3[Cr^{3+}]$
$K_{A_2} = [CrO_2^-][H^+]$

d'où

$$[Cr^{3+}] = \frac{Ks}{K_{A_2}}\,\frac{[CrO_2^-][H^+]}{[OH^-]^3}$$

avec l'expression de K_{A_1}, on arrive également à :

$$\frac{[Cr_2O_7^{2-}][H^+]^{14}}{[Cr^{3+}]^2} = \frac{Ka_2^2\,Ke^6}{Ks^2\,Ka_1^2}[H^+]^8\,\frac{[CrO_4^{2-}]^2}{[CrO_2^-]^2}$$

d'où l'expression de E

$$E = 1,33 + 0,02\,(pKs + pK_{A_1} - pK_{A_2}) - 0,06\ pKe - 0,08\ pH + 0,02 \log \frac{[CrO_4^-]^2}{[CrO_2^-]^2}$$

et une frontière $\boxed{E_7 = 0,946 - 0,08\ pH}$

– entre chrome aux degrés d'oxydation II et III

• pour un $pH < 4$, l'équilibre est :

$$Cr^{3+} + e^- \rightleftharpoons Cr^{2+}$$

Le potentiel d'équilibre est :

$$E = -0,41 + 0,06 \log \frac{[Cr^{3+}]}{[Cr^{2+}]}$$

La frontière est $\boxed{E_8 = -0,41\,V}$

• pour un $pH > 4$, l'équilibre est :

$$Cr(OH)_3\downarrow + 3H^+ + e^- \rightleftharpoons Cr^{2+} + 3H_2O$$

on doit donc considérer l'équilibre

$$Cr^{3+} + 3OH^- \rightleftharpoons Cr(OH)_3$$

or $[Cr^{3+}][OH]^3 = Ks$

d'où $[Cr^{3+}] = \frac{Ks}{Ke^3}[H^+]^3$

d'où $E = -0,41 + 0,06 \log \frac{Ks}{Ke^3}\frac{[H^+]^3}{[Cr^{2+}]}$

$$E = 0,31 - 0,31\,pH + 0,06 \log \frac{1}{[Cr^{2+}]}$$

qui donne une frontière $\boxed{E_9 = 0,31 - 0,18\,pH}$

On remarque que pour $pH > 6,8$, $E_9 < -0,91\,V$

or $E_{10} = -0,91\,V$ est la frontière entre Cr et Cr^{2+} pour $pH > 6,8$, on a donc :

$$Cr(OH)_3 + 3H^+ + e^- \rightleftharpoons Cr^{2+} + 3H_2O \quad \text{avec } E_1 < -0,91\,V$$

et $Cr^{2+} + 2e^- \rightleftharpoons Cr$ avec $E_1 = 0,91$

Le couple Cr^{2+}/Cr devient donc plus oxydant que le couple $Cr(OH)_3/Cr^{2+}$, donc l'équilibre

$$3Cr^{2+} + 6H_2O \rightleftharpoons Cr + 2Cr(OH)_3 + 6H^+$$

est déplacé vers la droite. Cr^{2+} devient donc instable pour ce pH : il se dismute.

– pour $pH > 6,8$, on devra donc considérer les équilibres entre chrome III et chrome 0

- pour $6,8 < pH < 14,4$, l'équilibre est :

$$Cr(OH)_3 + 3H^+ + 3e^- \rightleftharpoons Cr + 3H_2O$$

Pour connaitre le potentiel standard du couple Cr^{3+}/Cr, il faut décomposer l'équilibre

$Cr^{3+} + 3e^- \rightleftharpoons Cr$ en $Cr^{3+} + e^- \rightleftharpoons Cr^{2+}$

et $Cr^{2+} + 2e^- \rightleftharpoons Cr$

soient $\Delta G°_1$, $\Delta G°_2$, et $\Delta G°_3$ les enthalpies libres standard de ces trois réactions.

D'après la loi de Nernst :

$$\Delta G°_1 = -3\mathcal{F}\, E°_{Cr^{3+}/Cr}$$

$$\Delta G°_2 = -\mathcal{F}\, E°_{Cr^{3+}/Cr^{2+}}$$

$$\Delta G°_3 = -2\mathcal{F}\, E°_{Cr^{2+}/Cr}$$

on a de plus $\Delta G°_1 = \Delta G°_2 + \Delta G°_3$

d'où $E°_{Cr^{3+}/Cr} = 1/3\,(E°_{Cr^{3+}/Cr^{2+}} + 2E°_{Cr^{2+}/Cr})$.

$$E°_{Cr^{3+}/Cr} = -0,74\,V$$

Le potentiel d'équilibre du couple Cr^{2+}/Cr est donc

$$E = -0,74 + 0,02 \log [Cr^{3+}]$$

or $[Cr^{3+}] = \frac{Ks}{Ke^2}[H^+]^3$ donc $E = -0,74 + 0,02(3pKe - pKs) - 0,06\,pH$

La frontière est donc $\boxed{E_{11} = -0,5 - 0,06\,pH}$

- pour $pH > 14,4$, l'équilibre est :

$$CrO_2^- + 3e^- + 4H^+ \rightleftharpoons Cr + 4H_2O$$

on a déjà vu que

$$[Cr^{3+}] = \frac{Ks}{Ka_2}\frac{[CrO_2^-][H^+]}{[OH^-]^3}$$

$$= \frac{Ks}{Ka_2 Ke^3}[CrO_2^-][H^+]^4$$

donc $E = -0,74 + 0,02\,(pK_{a2} + 3\,pKe - pKs) - 0,08\,pH + \log[CrO_2^-]$
La frontière est donc $\boxed{E_{12} = -0,212 - 0,08\,pH}$

b. Equilibres acidobasiques

* Si on part d'une solution de chlorure de chrome III acide et qu'on y verse de la soude, on aura tout d'abord précipitation de $Cr(OH)_3$ et après un ajout important, on aura redissolution de chrome sous forme CrO_2^-.
* Si on verse de la soude dans une solution de dichromate de potassium (orange-rouge), on observe la formation de chromate (jaune).

Equilibres d'oxydoréduction :

* Le dichromate oxyde le fer II selon :

$$Cr_2O_7^{2-} + 6\,Fe^{2+} + 14\,H^+ \longrightarrow 6\,Fe^{3+} + 2\,Cr^{3+} + 7\,H_2O \quad (E^\circ_{Fe^{3+}/Fe^{2+}} = 0,77)$$

* $$2\,Cr^{2+} + \frac{1}{2}O_2 + 2\,H^+ \longrightarrow 2\,Cr^{3+} + H_2O$$

on ne peut préparer les solutions de Cr II qu'à l'abri de l'air.

* on peut comparer l'action de l'eau en milieu neutre et acide sur le chrome.

$$Cr + 2H^+ \longrightarrow Cr^{2+} + H_2\nearrow$$
$$2\,Cr + 6\,H_2O \longrightarrow 2\,Cr(OH)_3 + 3\,H_2\nearrow$$

* on ne peut passer de Cr^{3+} à Cr^{2+} qu'avec des réducteurs assez forts, en milieu acide et à l'abri de l'oxygène.

ex : $2\,Cr^{3+} + Zn \longrightarrow 2\,Cr^{2+} + Zn^{2+}$.

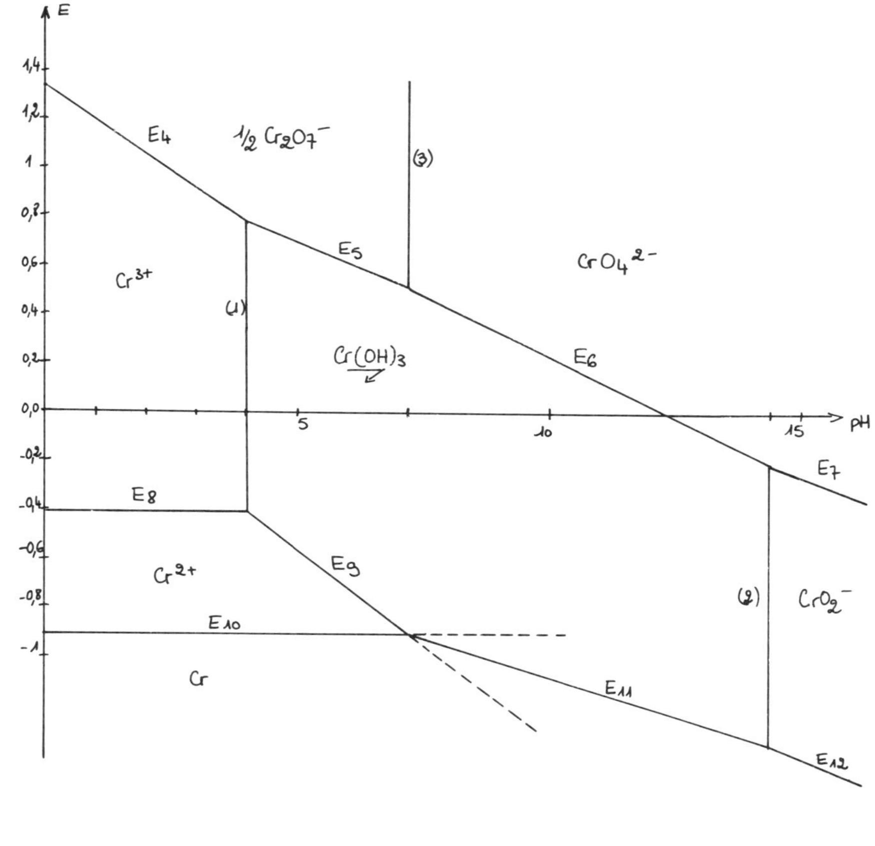

Centrale/Sup'Élec 83 — A Thermodynamique — B Chimie organique — C Dosages en solution aqueuse à 298 k 1- par précipitation, 2- par oxydo-réduction — Durée : 3H

Option TA

Ce sujet comporte trois parties indépendantes.

A. THERMODYNAMIQUE

Dans un récipient indilatable, de volume V égal à un litre, vide, on introduit une quantité de monoxyde d'azote NO telle que la pression de ce gaz dans le réacteur soit alors de $5{,}14 \cdot 10^4$ Pa à une température de 298K. On ajoute ensuite 0,70 g de dibrome liquide (Br_2), de volume négligeable. Le dibrome et le monoxyde d'azote réagissent en phase gazeuse pour donner du bromure de nitrosyle NOBr. La réaction est réversible, son équation bilan s'écrit :

$$NO + \frac{1}{2} Br_2 \rightleftarrows NOBr.$$

a) A 298 K, la pression totale régnant dans le réacteur, à l'équilibre, est de $5{,}55 \cdot 10^4$ Pa. Tout le dibrome restant est alors vaporisé. Calculer la valeur de la constante d'équilibre K_p relative aux pressions partielles à 298 K.

N.B. Dans tout le problème les gaz ont le comportement du gaz parfait.

b) A 298 K, l'enthalpie de formation du bromure de nitrosyle à partir du dibrome liquide est $\Delta H_f = 81{,}9$ $kJ.mol^{-1}$ et l'enthalpie de formation du monoxyde d'azote est $\Delta H'_f = 90{,}3$ $kJ.mol^{-1}$. L'enthalpie de vaporisation du dibrome liquide est $\Delta H_{vap} = 30{,}5$ $kJ.mol^{-1}$. Calculer la valeur de la constante d'équilibre relative aux pressions partielles à la température T' = 331K, en supposant que les enthalpies données sont constantes dans le domaine des températures étudiées et que les trois corps qui interviennent dans l'équilibre sont à l'état gazeux.

c) La température T' = 331K est la température d'ébullition du dibrome sous la pression atmosphérique normale (1 Atm $\simeq 10^5$ Pa). A 331K on réalise une autre expérience en introduisant une quantité de monoxyde d'azote telle que la pression de ce gaz dans le réacteur soit encore, à cette nouvelle température, de $5{,}14 \cdot 10^4$ Pa, mais on ajoute une quantité de dibrome telle qu'à l'équilibre il y ait coexistence de dibrome liquide et de dibrome gazeux. Calculer, dans ces conditions, la valeur de la pression partielle en bromure de nitrosyle dans le réacteur à l'équilibre.

d) Calculer la valeur minimale de la masse de dibrome nécessaire à la réalisation de l'expérience (c), c'est-à-dire à la coexistence du dibrome liquide et gazeux, quand l'équilibre est atteint à 331K.

Données : Masse molaire du monobrome $M_{Br} = 80$ $g.mol^{-1}$
Constante des gaz parfaits $R = 8{,}31$ $J.mol^{-1}.K^{-1}$

B. CHIMIE ORGANIQUE

On se propose de réaliser la préparation, au laboratoire et en une seule étape, du bromure de phénylmagnésium  Mg - Br.

1°. Indiquer quels sont les produits chimiques à mettre en oeuvre pour cette manipulation.

2°. Ecrire l'équation-bilan de la réaction principale escomptée.

3°. Faire un schéma simple, annoté, du montage à réaliser avec la verrerie usuelle de laboratoire pour mener à bien la préparation.

4°. Indiquer brièvement la thermicité et l'aspect cinétique de la réaction. Précautions ?

5°. Ecrire l'équation-bilan de la réaction indésirable qui se produit :
a) si le milieu réactionnel n'est pas anhydre,
b) si le milieu réactionnel est au contact du dioxygène de l'air,
c) si le milieu réactionnel est au contact du dioxyde de carbone de l'air.

6°. Faire le bilan des espèces chimiques présentes dans le milieu réactionnel quand la préparation est terminée.
Commenter brièvement ce bilan.

C. DOSAGES EN SOLUTION AQUEUSE A 298 K

1°. Réaction de précipitation de l'iodure d'argent AgI

Une solution X d'iodure de potassium KI à C_x mol.dm^{-3} est dosée par une solution de nitrate d'argent $AgNO_3$ à $1{,}50 \cdot 10^{-2}$ mol.dm^{-3}. Le dosage est suivi par potentiométrie. Pour cela, on forme une pile. On trempe dans 50 cm^3 de la solution X une électrode de mesure en argent et on relie la demi-pile précédente à l'aide d'un pont ionique à une demi-pile de référence de potentiel 0,650 volt. On suit alors les variations de la f.e.m E de la pile ainsi créée en fonction du volume V de solution de nitrate d'argent versé.

a) On constate qu'à l'équivalence E = 0,318 volt et V = 21 cm^3. L'électrode d'argent est alors le pôle négatif de la pile. Calculer la valeur du produit de solubilité de l'iodure d'argent à 298 K.

b) Calculer la f.e.m de la pile à la demi-équivalence c'est-à-dire quand la moitié des ions iodure à doser ont été précipités.

Données : Potentiel normal du couple Ag^+/Ag : 0,799 volt

A 298 K : $\frac{RT}{\mathcal{F}} \ln x = 0{,}059 \log x$

1 mol.dm^{-3} = 1 mol.l^{-1}

2°. Dosage par oxydation-réduction

a) Les ions iodure I^- réagissent avec les ions iodate IO_3^- en milieu acide et donnent des ions triiodure I_3^- (La réaction, considérée comme quantitative, conduit donc à la seule espèce iodée I_3^-).
1) Ecrire les deux couples oxydant/réducteur intervenant dans cette réaction.
2) Ecrire l'équation bilan de cette réaction d'oxydo-réduction.

b) Les ions trioxothiosulfate $S_2O_3^{2-}$ sont oxydés en ions tétrathionate $S_4O_6^{2-}$ par les ions triiodure I_3^- qui sont alors réduits en ions iodure I^-.
Ecrire l'équation bilan de la réaction.

c) Pour doser une solution Y de trioxothiosulfate de disodium $Na_2S_2O_3$ à C_y mol.dm^{-3}, on opère de la façon suivante : on prépare, dans une fiole jaugée, 250 cm^3 d'une solution d'iodate de potassium KIO_3 en dissolvant 1 g exactement de ce composé dans de l'eau distillée. On prélève ensuite 20 cm^3 de la solution obtenue que l'on acidifie et à laquelle on ajoute un excès d'une solution d'iodure de potassium.

On considère alors que les conditions sont requises pour que tous les ions iodate soient réduits en ions triiodure. On obtient finalement une solution brune. Sachant qu'il faut verser 15 cm^3 de la solution Y pour que la solution brune se décolore complètement, calculer C_y.

Données : Masse molaire KIO_3 : 214 g.mol^{-1}
Couleur des ions en solution aqueuse : I_3^- brun, tous les autres sont incolores.

A. THERMODYNAMIQUE

$V = 1\ell$ $\quad P_{NO} = 5{,}14.10^4$ Pa $\quad NO + \frac{1}{2} Br_2 \rightleftharpoons NOBr$

$T = 298$ K $\quad m_{Br_2} = 0{,}70$ g

a). A 298 K, tout le dibrome restant est gazeux.

P_{totale} à l'équilibre $= 5{,}55.10^4$ Pa

Au départ, on a :

$$\begin{cases} n_{NO} = \dfrac{P_{NO}V}{RT} = 2{,}08.10^{-2} \text{ mole} \\ n_{Br_2\,liq} = \dfrac{0{,}70}{80} = 8{,}75.10^{-3} \text{ mole} \end{cases}$$

Tout le Br_2 va se vaporiser et réagir.

NO +	$\frac{1}{2} Br_2$ ⇌	$NOBr$	Σ moles gazeuses :
n_{NO}	n_{Br_2}	0	$n_{NO} + n_{Br_2} = 2{,}96.10^{-2}$
$n_{NO} - x$	$n_{Br_2} - \frac{x}{2}$	x	$n_{NO} + n_{Br_2} - \frac{x}{2}$

$$K_p = \frac{P_{NOBr}}{(P_{Br_2})^{1/2}\, P_{NO}} = \frac{x.P \times (n_{NO} + n_{Br_2} - \frac{x}{2})^{1/2}}{(n_{Br_2} - \frac{x}{2})^{1/2}\, P^{1/2}\, (n_{NO} - x)\, P}$$

$$K_p = \frac{x\,(n_{NO} + n_{Br_2} - \frac{x}{2})^{1/2}}{(n_{Br_2} - \frac{x}{2})^{1/2}\, (n_{NO} - x)\, P^{1/2}}$$

A l'équilibre $\quad P = 5{,}55.10^4$ Pa

$$n_{tot} = (n_{NO} + n_{Br_2} - \frac{x}{2}) = \frac{P_{tot}V}{RT} = 2{,}24.10^{-2} \text{ mole.}$$

On a donc : $\quad 2{,}24.10^{-2} = 2{,}96.10^{-2} - \frac{x}{2}$ d'où $\boxed{x = 1{,}44.10^{-2} \text{ mole}}$

On peut alors calculer K_p.

n_{NOBr} équilibre $= x = 1{,}44.10^{-2}$ mole.

n_{Br_2} équilibre $= 8{,}75.10^{-3} - \frac{1{,}44.10^{-2}}{2} = 1{,}55.10^{-3}$ mole.

n_{NO} équilibre $= 2{,}08.10^{-2} - 1{,}44.10^{-2} = 6{,}4.10^{-3}$ mole.

$n_{total} = 2{,}24.10^{-2}$ mole

d'où $\quad \boxed{K_p = \dfrac{n_{e\,NOBr}\; n_{tot}^{1/2}}{n_{e\,Br_2}^{1/2}\; n_{NO_e}\; P^{1/2}} = 11{,}48}$

b).

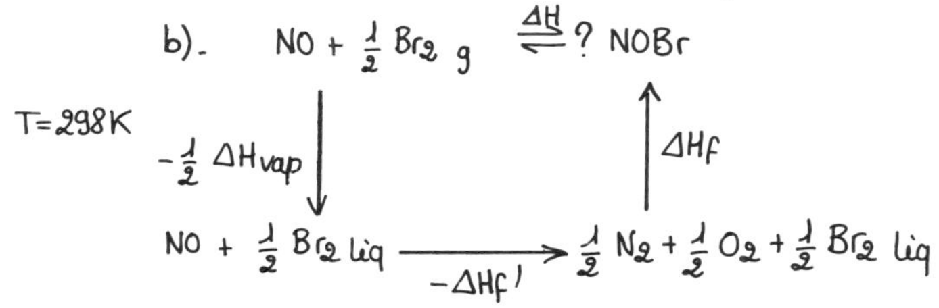

T=298K $\quad \Delta H = -\frac{1}{2} \Delta H_{vap} - \Delta H_{f'} + \Delta H_f$

$\Delta H = -\frac{1}{2}(30{,}5.10^3) - 90{,}3.10^{-3} + 81{,}9.10^{-3}$

$$\boxed{\Delta H = -23{,}65.10^3 \text{ J.mol}^{-1} = -23{,}65 \text{ kJ.mol}^{-1}}$$

On utilise la loi de Van't Hoff $\frac{d\ln K}{dT} = \frac{\Delta H}{RT^2}$ d'où $d\ln K = \Delta H \frac{dT}{RT^2}$

On suppose ΔH constante car ΔH_{vap}, $\Delta H_f'$, ΔH_f sont supposées constantes.

$$\ln K_p(T') - \ln K_p(T) = \int_{T=298K}^{T'=311K} \frac{\Delta H}{RT^2}\, dT$$

$\ln K_p(311) = \ln K_p(298) + \frac{\Delta H}{R}\left(\frac{1}{298} - \frac{1}{311}\right)$ avec $\ln K_p(298) = 2,44$

d'où $\ln K_p(311) = 2,041$ donc $\boxed{K_p(311) = 7,70}$

c) - $T' = 311\,K = t°_{éb}$ de Br_2 à $P = 1\,atm = 10^5\,Pa$

Nouvelle expérience : $T = 311\,K$

$P_{NO} = 5,14.10^4\,Pa$ d'où $n_{NO} = 2,08.10^{-2}$ mole

$m_{Br_2} \longrightarrow n_{Br_2} = \frac{m}{M} = \frac{m}{80}$

A l'équilibre, il y a coexistence de Br_2 liq et de Br_2 gazeux : la pression totale à l'équilibre est $\underline{P = 10^5\,Pa}$ $(T = 311\,K)$.

n_{Tot} de moles gazeuses $= \frac{PV}{RT} = 3,87.10^{-2}$ mole

$$\begin{cases} NO + Br_{2g} \rightleftharpoons NOBr \\ Br_{2liq} \rightleftharpoons Br_{2g} \end{cases}$$

Appelons n_{Br_2g} = le nombre de moles "initiales" de Br_2 qui vont réagir (en phase gazeuse) ou qui resteront gazeuses.

x = n moles à l'équilibre de NOBr.

On a toujours $n_{NO} + n_{Br_2g} - x = n_{Tot}$.

$n_{Br_2g} - x = 3,87.10^{-2} - 2,08.10^{-2} = 1,79.10^{-2}$

$$K_p = \frac{n_{NOBr\,éq} \cdot n_{Tot}^{1/2}}{n_{Br_2\,éq}^{1/2} \cdot n_{NO\,éq} \cdot P^{1/2}} = 7,7 \quad \text{et} \quad K_p = \frac{x \cdot n_{tot}^{1/2}}{(n_{Br_2g} - \frac{x}{2})(n_{NO} - x) \cdot P^{1/2}} = 7,7$$

d'où

$$\frac{x}{(1,79.10^{-2} - \frac{x}{2})(2,08.10^{-2} - x)} = \frac{7,7}{3,87.10^{-2}}$$

on obtient alors : $99,5\,x^2 + 2,491\,x - 7,4.10^{-2} = 0$

avec $\Delta = 38,1$ d'où $x_1 = \frac{-2,491 + \sqrt{38,1}}{2 \times 99,5}$ et $x_2 < 0$ impossible.

d'où $\boxed{x = 1,85.10^{-2}\text{ mole} = n_{NOBr\,éq}}$

et $P_{NOBr} = \frac{x}{n_{tot}} P_{tot} = \frac{1,85.10^{-2}}{3,87.10^{-2}} \times 10^5$ $\boxed{P_{NOBr} = 0,478.10^5\,Pa}$

d) Soit m_{min} la valeur minimale de Br_2 nécessaire.

$$n_{Br_2\,liq\,éq} = n_{Br_2\,ini.} - n_{Br_2g\,éq.} \geq 0$$

A la limite : $n_{Br_2\ liq\ éq} = 0$ d'où $\frac{m\ min}{M} - n_{Br_2 g\ éq} = 0$

$m\ min = M \times n_{Br_2 g\ éq}$ c'est-à-dire $m\ min = 80\left(1{,}79.10^{-2} + \frac{1{,}85.10^{-2}}{2}\right)$

$$\boxed{m\ min = 2{,}17\,g}$$

B. CHIMIE ORGANIQUE

1°) et 2°)

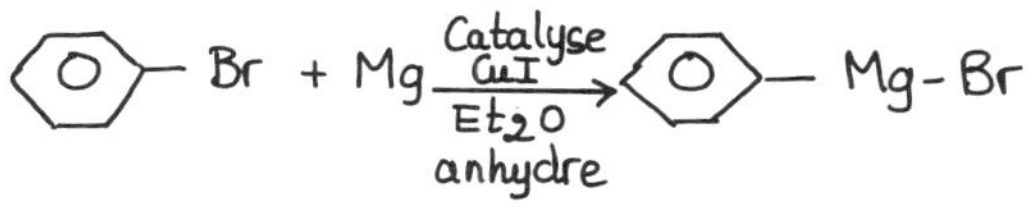

3°)

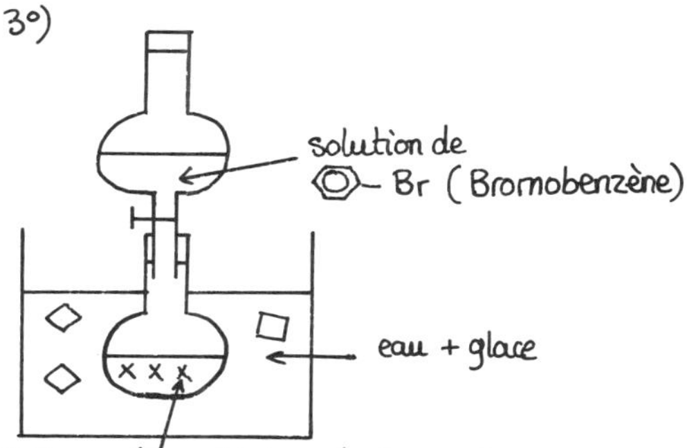

On verse goutte à goutte la solution de ⌬-Br.

(Paillettes de Mg, Mg + Et₂O anhydre dans de l'éther anhydre)

4°) La réaction est très exothermique et relativement lente.

5°) • a) S'il existe de l'eau, le produit (le bromure de phénylmagnésium) peut réagir.

• b) en présence de CO_2 (CO_2 de l'air) :

• c) en présence de O_2 :

On a dans le milieu réactionnel :

– des associations entre molécules de solvant Et_2 et le produit

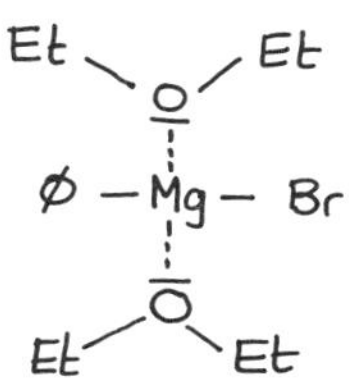

– du Mg restant
– des molécules de 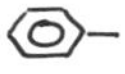 – MgBr
– des molécules de Et_2O $\quad Et = C_2H_5$

C. DOSAGES

1°) a) A l'équivalence $E = 0{,}318\,V$
$V = 21\,cm^3$

$E = \pi^{\oplus} - \pi^{\ominus}$ et $\pi^{\oplus} = 0{,}650\,V$ d'où $\boxed{\pi^{\ominus} = 0{,}332\,V}$

On a $\begin{cases} Ag \rightleftharpoons Ag^+ + e^- & E°_{Ag^+/Ag} \\ Ag^+ + I^- \rightleftharpoons AgI & K_S = [Ag^+][I^-] \end{cases}$

L'électrode d'argent est l'anode $\pi^{\ominus}$.
L'anode est l'électrode de la pile où se passe l'oxydation donc la réaction à l'anode est : $Ag + I^- \rightleftharpoons AgI + e^-$ $\quad E°_{AgI/Ag}$

$$E°_{AgI/Ag} = E°_{Ag^+/Ag} + \frac{RT}{\mathcal{F}} \ln K_S.$$

soit encore $\boxed{E°_{AgI/Ag} = E°_{Ag^+/Ag} - 0{,}059\,pK_S}$

$$\pi^{\ominus} = E°_{AgI/Ag} + 0{,}059 \log \frac{1}{[I^-]}$$

$[I^-] = c_x$ et $c_x \times 50 = 1{,}5 . 10^{-2} \times 21$ (données de l'équivalence)
$c_x = 6{,}3 . 10^{-3}\ mol.l^{-1}$

$\pi^{\ominus} = E°_{Ag^+/Ag} - 0{,}059 \log [I^-] - 0{,}059\,pK_S = 0{,}332\,V$

d'où $pK_S = \dfrac{-0{,}332 - 0{,}059 \log 6{,}3 . 10^{-3} + 0{,}799}{0{,}059}$

$pK_S = 10{,}12$ d'où $\boxed{K_S = 7{,}66 . 10^{-11}}$ le complexe AgI est très stable.

b) A la demi-équivalence $V = 10{,}5$

$E = \pi^{\oplus} - \pi^{\ominus} = 0{,}650 - \pi^{\ominus}$ $\quad E°_{AgI/Ag} = 0{,}202\,V$

$\pi^{\ominus} = 0{,}0544$

d'où $\boxed{E_{1/2} = 0{,}596\,V}$

2°) a. $\quad I + IO_3^- \xrightarrow{H^+} I_3$

1) $\quad 8 \times (3\,I^-_{aq} \rightleftharpoons I^-_{3\,aq} + 2e^-)$

$16e^- + 18H^+ + 3\,IO_3^- \rightleftharpoons I_3^- + 9\,H_2O$

2) $\quad 24\,I^- + 18H^+ + 3\,IO_3^- \rightleftharpoons 9\,I_3^- + 9\,H_2O$

b. $\quad 2\,S_2O_3^{2-} \rightleftharpoons S_4O_6^{2-} + 2e^-$

$\quad 2e^- + I_3^- \rightarrow 3I^-$

Equation-bilan : $2S_2O_3^{2-} + I_3^- \rightarrow 3I^- + S_4O_6^{2-}$

c. $\left.\begin{array}{l} 1g\ KIO_3 \text{ dans } 250\,cm^3 \\ \text{c'est-à-dire } n_{KIO_3} = \frac{1}{214} \text{ mole} \end{array}\right\}$ $\quad c = \dfrac{\frac{1}{214}}{0{,}250} = 1{,}869 . 10^{-2}\ Mol.l^{-1}$

On prend 20 cm³ auquel on ajoute KI en excès.

On a la réaction : $24\,I^- + 18H^+ + 3\,IO_3^- \rightleftharpoons 9I_3^- + 9\,H_2O$

en nombre de moles : ini. : excès — $1{,}869.10^{-2} \times 20.10^{-3}$

fin : excès — 0 — $3 \times 1{,}869.10^{-2} \times 20.10^{-3}$

La coloration brune prouve la présence d'ions I_3^-.

Calculons la concentration en ions I_3^- dans les 20 cm³ :

$c_{I_3^-} = 3 \times 1{,}869.10^{-2} = 5{,}607.10^{-2}$ M.

A l'équilibre, la solution devient incolore : tous les ions I_3^- ont été dosés.

$n\,S_2O_3$ versés $= 2n\,I_3^-$ initialement dans la solution

d'où $c_y \times 15 = 2 \times 3 \times 1{,}869.10^{-2} \times 20$ $\boxed{c_y = 0{,}150 \text{ mol.l}^{-1}}$

Centrale/Sup'Élec 83 — Centre à l'étranger

I Chimie des solutions
II Température de flamme
III Cinétique de réactions inverses

Durée : 3H

Problème I. - CHIMIE DES SOLUTIONS

A.

Les ions Cu^{2+} forment avec l'anion du glycocolle ou de la glycine, ou aminoacétate $(NH_2 - CH_2 - COO)^-$ symbolisé par G^- deux complexes CuG^+ et CuG_2 dont les pk de dissociation sont respectivement :

$$pk_1 = 8,3 \; ; \quad pk_2 = 6,9$$

a) Ecrire l'équilibre de dismutation du complexe intermédiaire CuG^+ ; calculer la constante de cette réaction.

b) Calculer, lorsque l'équilibre est atteint, les concentrations des différentes espèces chimiques dans les solutions obtenues lorsqu'on mélange :

1°) Cu^{2+} 0,1 M + G^- 0,1 M.

2°) Cu^{2+} 0,1 M + G^- 0,2 M.

c) Soit une solution de Cu(II) à la concentration totale C_o.

Représenter graphiquement le $\log_{10}$ de la fraction de cuivre(II) non complexé en fonction de $pG^- = -\log_{10}|G^-|$.

B.

En fait, l'aminoacétate ou glycocolle G^- est une dibase

HG/G^- $pk_1 = 9,7$ et H_2G^+/HG, $pk_2 = 2,4$

Dans le cas où l'on mélange G^- 0,1 M et Cu^{2+} 0,1 M, calculer la valeur de pH au-dessous de laquelle il n'y aura pas plus de 1% de Cu(II) complexé.

Problème II. - TEMPERATURE DE FLAMME

On considère un mélange de propane et de butane (gaz butane du commerce) ; la densité du mélange à l'état gazeux est d = 1,916.

On demande :

1°) La composition du mélange en volume à 1% près.

2°) Le volume d'air nécessaire pour brûler complètement un volume du mélange.

3°) Le pouvoir calorifique du mélange (en Joule x m^{-3}) à pression constante, calculé dans les conditions T.P.N. (Température, pression normales).

4°) La température de la flamme, le gaz étant brûlé avec la quantité d'air théorique.

On admettra que, par suite de la dissociation de l'eau et du gaz carbonique, 90% seulement de la chaleur dégagée sert à chauffer, à partir de 0°C, le mélange des gaz résultant théoriquement de la combustion complète.

On admettra que l'ensemble réactionnel demeure à pression constante et qu'il n'y a aucun échange de chaleur avec le milieu extérieur.

Données numériques

- Enthalpie de combustion molaire du propane (en eau-vapeur et CO_2 ramenés à 0°C) : $2,03 \times 10^6$ J.

- Enthalpie de combustion molaire du butane (mêmes conditions): $2,64 \times 10^6$ J.

Volume molaire dans les conditions T.P.N. : $22,4 \times 10^{-3}$ m^3.

Masse volumique de l'air dans les conditions T.P.N. : 1,293 kg $\times$ m^{-3}

Composition de l'air : 1 volume d'oxygène pour 4 volumes d'azote.

Capacités calorifiques molaires à pression constante [Joule $\times$ $mole^{-1}$ $\times$ $(K)^{-1}$] pour l'intervalle de température étudié en fonction de la température absolue T.

pour CO_2 (gaz) : $C_p = 32,2 + 22,2 \times 10^{-3}$ T.

H_2O (vapeur) : $C_p = 30,1 + 10,5 \times 10^{-3}$ T.

H_2, O_2, N_2 air (gaz) : $C_p = 27,6 + 4,2 \times 10^{-3}$ T.

Problème III. - CINETIQUE DE REACTIONS INVERSES

V. Kistiakowsky a étudié la cinétique d'une série de réactions d'estérification et d'hydrolyse. Pour la vitesse d'estérification de l'alcool éthylique aqueux à 56,5% par l'acide formique, s'effectuant en milieu chlorhydrique 0,026 N, il a trouvé qu'à 24,8°C la valeur de la constante $\overrightarrow{k_c} = 1,85.10^{-3}$ mn^{-1} et, pour le processus opposé à la même température, $\overleftarrow{k_c} = 1,76 \times 10^{-3}$ mn^{-1}.

A 24,8°C, le même alcool éthylique est estérifié par l'acide formique de concentration initiale 0,07 mole $\times$ ℓ^{-1} en milieu chlorhydrique.

1°) Discutez de l'ordre des deux processus opposés.

2°) Déterminez la quantité d'acide formique (%) qui à l'équilibre sera transformé en formiate d'éthyle.

3°) Déterminez le temps nécessaire pour que l'estérification s'effectue à 90%.

I. CHIMIE DES SOLUTIONS

A.

a) L'équilibre s'écrit : $2\,CuG^+ \rightleftharpoons Cu^{2+} + CuG_2$

L'expression des deux constantes de dissociation est :

$$K_1 = \frac{[Cu^{2+}][G^-]}{[CuG^+]} \quad \text{et} \quad K_2 = \frac{[Cu^{2+}][G^-]^2}{[CuG_2]}$$

-23-

La constante de la réaction de dismutation s'écrit:

$$K = \frac{[Cu^{2+}][CuG_2]}{[CuG^+]^2} \quad \text{et vaut donc} \quad K = \frac{K_1^2}{K_2} \qquad \text{A.N: } K = 2.10^{-10}$$

b.1°) La conservation du cuivre s'écrit :
$[Cu^{2+}] + [CuG^+] + [CuG_2] = 10^{-1}$
Celle du glycocolle s'écrit :
$[G^-] + [CuG^+] + 2[CuG_2] = 10^{-1}$
Etant données les faibles valeurs des constantes de dissociation, on pourra considérer que tous les anions glycocollates sont complexés.
donc $[G^-]$ est négligeable.
D'autre part, le a. montre que l'équilibre de dismutation de $[CuG^+]$ est déplacé vers la gauche : $[CuG^+]$ est donc l'espèce prépondérante.
donc $\boxed{[CuG^+] = 10^{-1}}$
En combinant les deux équations de conservation, on a :
$$[Cu^{2+}] = [CuG_2] + [G^-]$$
d'autre part,
$$[Cu^{2+}][G^-] = K_1[CuG^+] = 5.10^{-10}$$
$$[Cu^{2+}][CuG_2] = K[CuG^+]^2 = 2.10^{-12}$$
d'où $[CuG_2] + [G^-] = \dfrac{5{,}02.10^{-10}}{[Cu^{2+}]}$ donc $[Cu^{2+}]^2 = 5.10^{-10}\ mol^2.l^{-1}$

on obtient donc :
$$\boxed{\begin{array}{l}[Cu^{2+}] = 2{,}24.10^{-5}\ mol.l^{-1}\\ [G^-] = 2{,}23.10^{-5}\ mol.l^{-1}\\ [CuG_2] = 8{,}92.10^{-8}\ mol.l^{-1}\end{array}}$$

2°) Cette fois encore $[CuG^+]$ est l'espèce cuivrique prépondérante.
La conservation du glycocollate s'écrit :
$[G^-] + [CuG^+] + 2[CuG_2] = 0{,}2$
comme $[CuG_2]$ est négligeable devant $\boxed{[CuG^+] \simeq 0{,}1\ mol.l^{-1}}$, on a : $\boxed{[G^-] \simeq 0{,}1\ mol.l^{-1}}$
or $[Cu^{2+}][G^-] = 5.10^{-10}$ donc $\boxed{[Cu^{2+}] = 5.10^{-9}\ mol.l^{-1}}$
et $[Cu^{2+}][CuG_2] = 2.10^{-12}$ donc $\boxed{[CuG_2] = 4.10^{-3}\ mol.l^{-1}}$

c. La conservation des ions cuivriques s'écrit :
$[Cu^{2+}] + [CuG^+] + [CuG_2] = C_0$
avec l'expression des constantes, on en déduit que :
$$[Cu^{2+}]\left(1 + \frac{[G^-]}{K_1} + \frac{[G^-]^2}{K_2}\right) = C_0$$
Dans le second facteur, le dernier terme, proportionnel à $[CuG_2]$, est négligeable devant le second.
En effet, pour avoir : $\dfrac{[G^-]}{K_1} = \dfrac{[G^-]^2}{K_2}$, on doit avoir $[G^-] = 40.\ mol.l^{-1}$
donc aux concentrations ordinaires, on a :
$$\log[Cu^{2+}] = \log C_0 - \log\left(1 + \frac{[G^-]}{K_1}\right)$$
On peut considérer 2 cas importants :
– si $p[G^-] > pK_1$ alors $[G^-] \ll K_1$
et $\log[Cu^{2+}] = \log C_0$

– si $p[G^-] < pK_1$ alors $[G^-] \gg K_1$
et $\log[Cu^{2+}] = \log C_0 - pK_1 + p[G^-]$
On obtient approximativement deux demi-droites et l'approximation devient excellente quand on s'éloigne de $p[G^-] = pK_1$. (plus d'une unité suffit).
– pour $p[G^-] = pK_1$, on a alors $\log[Cu^{2-}] = \log C_0 - \log 2$

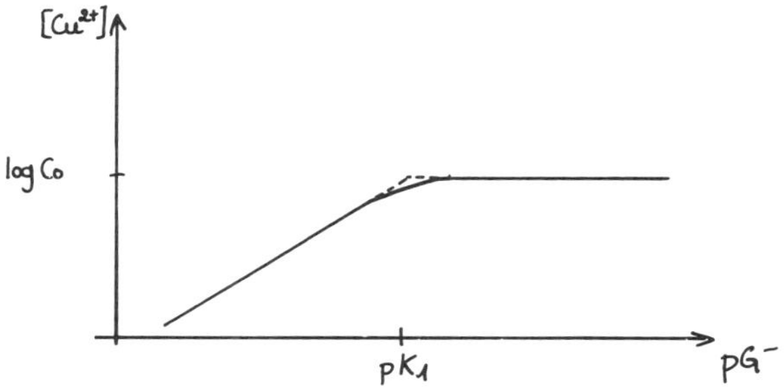

B.

On veut que $[Cu^{2+}] \geq 0,99\,C_0$, c'est-à-dire, en utilisant les résultats de A,c :

que $0,99\,C_0\left(1 + \frac{[G^-]}{K_1}\right) \leq C_0$

soit $[G^-] \leq K_1 C_0\left(\frac{1}{0,99} - 1\right)$ donc $pG^- \geq 11,3$

La conservation du glycocolle s'écrit :

$[G^-] + [GH] + [GH_2^+] = 0,1$

$[G^-]$ est bien sûr négligeable, vu son ordre de grandeur. En appelant Ka_1 et Ka_2 les constantes d'acidité, on a :

$$Ka_1 = \frac{[H^+][G^-]}{[GH]} \quad \text{et} \quad Ka_2 = \frac{[H^+][GH]}{[GH_2^+]}$$

$$\text{d'où} \quad Ka_1 Ka_2 = \frac{[H^+]^2[G^-]}{[GH_2^+]}$$

Pour $[G^-] = 10^{-11,3} = 5.10^{-12}$, on a $[GH] = [H^+] \times 2,5.10^{-2}$

- Si le pH a une valeur proche de pKa_1 (ce qui correspondrait à la demi-équivalence), $[GH_2^+]$ et $[GH]$ auraient le même ordre, or ici on trouve que $[GH] \simeq 10^{-9}$, donc on ne se trouve pas dans cette zone de pH.

- Si le pH était supérieur à pKa_1, ceci correspondrait à la zone de prédominance de GH; or ici, les valeurs sont plus faibles que dans le cas précédent.

- On peut donc affirmer que $pH < pKa_1$ et que $[GH_2^+]$ est prédominant.
  donc $[GH_2^+] = 0,1$
  donc $2pH = pKa_1 + pKa_2 + 1 - p[G^-]$ avec $p[G^-] \geq 11,3$
  donc $2pH \leq 1,8$ c'est-à-dire $\boxed{pH \leq 0,9}$

II. TEMPERATURE DE FLAMME

1°) - La densité est la masse d'un volume de mélange rapporté à la masse du même volume d'air. On raisonnera sur un volume de $22,4 \cdot 10^{-3} m^3$.

Ce volume d'air a une masse $m_{air} = 1,293 \cdot 22,4 \cdot 10^{-3} = 28,9\,g$.

Le même volume du mélange contient une mole de gaz au total. Soit x la fraction molaire de propane. La masse d'une mole de mélange est :

$$M = x\, M_{propane} + (1-x)\, M_{butane}$$

La masse molaire du propane est $M_{propane} = 44gr$, celle du butane est $M_{butane} = 58gr$.

d'où $M = 58 - 14x$.

donc $d = \dfrac{58 - 14x}{28,9} = 1,916$ d'où $x = 0,18$

on a donc **18% de propane**

2°) Les réactions de combustion s'écrivent :

$C_3H_8 + 5O_2 \rightarrow 3\,CO_2 + 4\,H_2O$

$C_4H_{10} + 6,5O_2 \rightarrow 4\,CO_2 + 5\,H_2O$

donc pour faire brûler totalement une mole du mélange, il faudra :

$0,18 \times 5 + 0,82 \times 6,5 = 6,23$ moles de O_2

ce qui représente en volume 6,23 fois plus que celui du mélange.

3°). Le pouvoir calorifique est la quantité de chaleur cédée au milieu extérieur, au cours de la réaction :

$Q_{molaire} = 0,18 . 2,03 . 10^6 + 0,82 . 2,64 . 10^6$

$Q_{molaire} = 2,53 . 10^6 \ J . mol^{-1}$

comme une mole occupe dans les conditions T.P.N. $22,4 . 10^{-3} m^3$, on a :

$Q_{volumique} = \dfrac{2,53 . 10^6}{22,4 . 10^{-3}}$

d'où $\boxed{Q_{volumique} = 112,9 . 10^6 \ J . m^{-3}}$

4°) On peut décomposer la combustion en deux étapes :

mélange $+ 6,23\,O_2 + 24,92\,N_2$ —isotherme→ $3,82\,CO_2 + 4,82\,H_2O + 24,92\,N_2$

↓ $Q_{molaire} \times 0,9$

échauffement à la température finale

$$0,9\,Q_P = \int_{273}^{T} C_P\,dT$$

Il faut donc que l'on ait la capacité calorifique du mélange après combustion.

$C_P = 3,82\,C_{PO_2} + 4,82\,C_{PH_2O} + 24,92\,C_{PN_2}$

$C_P = 955,9 + 0,24\,T$

en intégrant la relation précédente, on a :

$0,9\,Q_P = 955,9\,(T - 273) + 0,12\,(T^2 - 273^2)$

soit $0,12\,T^2 + 955,9\,T - 2,55 . 10^6 = 0$

d'où $\boxed{T = 2\,109° K}$

III. CINETIQUE DE REACTIONS INVERSES.

1°) Les réactions s'écrivent :

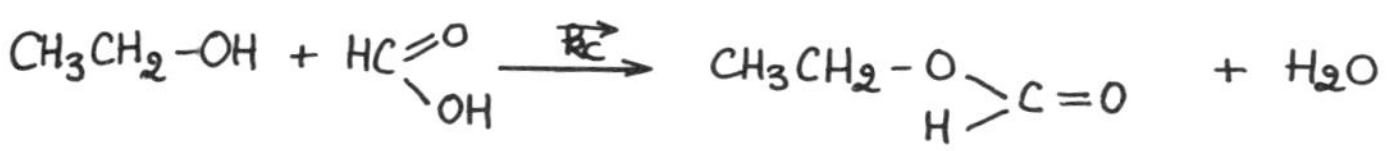

$$CH_3CH_2-O-CH=O + H_2O \xrightarrow{\overleftarrow{k_c}} CH_3-CH_2OH + H-C(=O)OH$$

Pour les deux réactions, l'eau et l'alcool éthylique sont en très large excès par rapport à l'acide formique. Donc pour la réaction "aller", $[CH_3CH_2-OH]$ reste constant, et on aura un ordre apparent 0 par rapport à ce réactif. De même pour la réaction "retour" avec $[H_2O]$.

Donc la réaction "aller" est de premier ordre par rapport à l'acide formique. Sa vitesse est $\vec{v} = \vec{k_c}\,[HCOOH]$

de même pour la vitesse de la réaction retour : $\overleftarrow{v} = \overleftarrow{k_c}\,[CH_3CH_2OOCH]$

mais évidemment, $\vec{k_c}$ et $\overleftarrow{k_c}$ sont proportionnelles respectivement à $[CH_3CH_2OH]$ et $[HCOOH]$.

2°) L'équilibre est caractérisé par : $\vec{v} = \overleftarrow{v}$

d'où $\dfrac{[CH_3CH_2OOCH]}{[HCOOH]} = \dfrac{\vec{k_c}}{\overleftarrow{k_c}} = 1{,}051$

Le pourcentage d'ester formé est :

$$\frac{[HCOOCH_2CH_3]}{[HCOOH] + [HCOOCH_2CH_3]} = \frac{1{,}051}{1 + 1{,}051}$$

c'est-à-dire 51,25 %

3°) on pose $x = [HCOOCH_2CH_3]$

$a = [HCOOCH_2CH_3] + [HCOOH] = 0{,}07\ mol.L^{-1}$

La vitesse de la réaction est :

$$v = \frac{dx}{dt} = \vec{k}\,[HCOOH] - \overleftarrow{k}\,[HCOOCH_2CH_3]$$

soit $v = \vec{k}(a-x) - \overleftarrow{k}x$

soit x_e la concentration en ester à l'équilibre, on a alors :

$$0 = \vec{k}(a-x_e) - \overleftarrow{k}x_e$$

on peut donc, en soustrayant à l'équation précédente, écrire que :

$$\frac{dx}{dt} = \vec{k}(x_e-x) - \overleftarrow{k}(x-x_e)$$

$$\frac{dx}{dt} = -(\vec{k}+\overleftarrow{k})(x-x_e)$$

ce qui s'intègre en : $\ln(x_e-x) = -(\vec{k}+\overleftarrow{k})t + cte$

or à $t=0$, $x=0$

d'où $\ln\left(\dfrac{x_e-x}{x_e}\right) = -(\vec{k}+\overleftarrow{k})t$

L'estérification est effectuée à 90 % quand $x = 0{,}9x_e$.

Le temps cherché est donc donné par :

$$\ln(0{,}1) = -(\vec{k}+\overleftarrow{k})t$$

c'est-à-dire $\boxed{t = 637{,}83\ min}$

Centrale/Sup'Élec 82 Option P'

I Cours : l'acide chlorhydrique
II Étude de la cinétique d'une réaction radicalaire en chaîne $2\,CH_3CHO \rightarrow CH_3-CH_3 + H_2 + 2\,CO$
III Chimie organique
IV Étude de plusieurs solutions contenant du soufre (pH, red-ox, précipitation...)

Durée : 3H

Cette épreuve comporte quatre parties indépendantes :

****

I - Propriétés chimiques de la solution d'acide chlorhydrique ; l'exposé, clair et structuré, illustré de nombreux exemples, mettra en évidence les divers aspects des propriétés chimiques des ions présents dans la solution.

****

II - 1) De nombreux produits organiques M, subissent la décomposition <u>thermique</u> suivante :

(1)	$M \xrightarrow{k_1} R_1\cdot + R_1\cdot$	,	E_1	Initiation
(2)	$R_1 \xrightarrow{k_2} H\cdot + R_2$	,	E_2	Propagation
(3)	$H\cdot + M \xrightarrow{k_3} R_3\cdot + H_2$	,	E_3	Propagation
(4)	$R_3\cdot \xrightarrow{k_4} R_1\cdot + R_2$	,	E_4	Propagation
(5)	$R_1\cdot + M \xrightarrow{k_5} R_3\cdot + R_1H$	,	E_5	Propagation
(6)	$R_1\cdot + R_1\cdot \xrightarrow{k_6} R_1\text{-}R_1$	,	E_6	Rupture

avec $\begin{cases} k_i = \text{constantes de vitesse} \\ E_i = \text{énergies d'activation (en kJ.mol}^{-1}) \end{cases}$; $E_1 = 318$; $E_4 = 75$; $E_5 = 42$; $E_6 = 0$.

a) Lorsque M est l'éthanal, $R_1\cdot = CH_3\cdot$. Ecrire dans ce cas, le processus de la décomposition, exprimer la vitesse <u>V</u> de décomposition de l'éthanal, en fonction de k_1, k_5, k_6, [M], puis en fonction des vitesses de formation des espèces moléculaires.

b) L'étape d'initiation est, de loin, la plus lente ; les vitesses de formation du méthane et ce l'hydrogène, sont telles que $V_{CH_4} \geqslant 100\, V_{H_2}$. Déterminer alors l'ordre apparent <u>m</u> de la réaction, son énergie d'activation E_a et la longueur minimale de chaîne L
$\left(L = \dfrac{\text{vitesse de disparition du réactif initial}}{\text{vitesse de formation des radicaux par initiation}} \right)$. Que représente E_1 ? En déduire l'intérêt énergétique de la réaction en chaîne. Pourquoi l'iode I_2 accélère-t-il notablement la réaction ?

2) a) Dans le cas où l'étape d'initiation est <u>photochimique</u> ($M + h\nu \xrightarrow{k'_1} R_1\cdot + R'_1\cdot$), et le reste du processus identique, il suffit de remplacer dans l'expression de $\dfrac{d\,[R_1\cdot]}{dt}$, le terme $k_1[M]$, par $k'_1 \times$ Iabs (Iabs représentant l'intensité du rayonnement absorbé). En se plaçant dans l'hypothèse du 1)b), donner l'expression de la vitesse de décomposition photochimique de l'éthanal.

b) En fait, le processus observé résulte de la concurrence entre les 2 réactions simultanées : $CH_3CHO + h\nu \xrightarrow{k} CH_4 + CO$, $E = 0$ et $CH_3CHO + h\nu \xrightarrow{k'} HCO\cdot + CH_3\cdot$, $E' = 42\,kJ.mol^{-1}$
En déduire l'expression de la vitesse de décomposition photochimique de l'éthanal, et l'influence de la température sur cette vitesse.

****

III - On utilise l'éthanal comme produit organique de base, et tous les réactifs minéraux utiles.

1) Indiquer un schéma réactionnel permettant de passer de l'éthanal à l'acide hydroxy-2 propanoïque (ou acide lactique). En déduire l'abondance relative des 2 formes, notées R et S, sous lesquelles cet acide est obtenu. En donner les représentations de FISCHER.

2) Indiquer comment, par synthèse magnésienne, on peut passer de l'éthanal à l'acide hydroxy-3 butanoïque.

3) Le chauffage de l'acide hydroxy-2 propanoïque et de l'acide hydroxy-3 butanoïque fournit respectivement 2 composés A et B, de formules brutes $C_6H_8O_4$ et $C_4H_6O_2$. Déterminer A et B, ainsi que leurs isomères éventuels.

4) Indiquer comment, par synthèse magnésienne, on peut passer de l'acide hydroxy-4 pentanoïque au méthyl-2 hexanediol-2,5, sachant que l'acide initial est d'abord transformé, par chauffage, en composé C, dont la masse moléculaire molaire est $M = 100\ g.mol^{-1}$.

****

IV - On étudie différentes solutions aqueuses A, B, C, D, E où se trouve l'élément soufre.

1) A est obtenue en introduisant 10^{-1} mole de sulfure d'hydrogène dans 1 litre d'eau. Calculer le pH et la molarité des espèces chimiques présentes dans A, à l'équilibre.

2) B contient $10^{-1} mol.l^{-1}$ de sulfure d'hydrogène, et du soufre colloïdal. On suit la variation du potentiel redox π de B, en fonction du pH, au moyen d'une électrode inattaquable. Tracer le graphe $\pi = f(pH)$. Quelles conclusions en tirez-vous (préciser en particulier les espèces prépondérantes) ? L'emploi d'une solution de dioxyde de soufre, pour fabriquer la solution B à partir de la solution A, est-il justifié ?

3) C contient $10^{-1} mol.l^{-1}$ de sulfure de nickel NiS. On suit la variation de la solubilité $\underline{s}$ de NiS, en fonction du pH, par addition de monoacide ou de monobase forts.

a) Exprimer $\underline{s}$ en fonction de K_1, K_2, P_1, h (voir la signification des données, en bas de page).

b) Tracer le graphe $ps = f(pH)$; en déduire le pH de dissolution totale de NiS. Conclusion (préciser en particulier les espèces prépondérantes) ?

4) D est obtenue en ajoutant à B 10^{-1} mole de nitrate d'argent $AgNO_3$.

a) Y-a-t-il précipitation ? Déterminer la nouvelle valeur du pH, et les molarités des espèces chimiques présentes, à l'équilibre, en solution.

b) On plonge une électrode d'argent dans D. Que devient le potentiel π du couple Ag^+/Ag ? L'électrode peut-elle être attaquée ?

5) a) E est constituée de B maintenue saturée ($[H_2S] = 10^{-1} mol.l^{-1}$), à laquelle on a ajouté $C_1 = C_2 = 10^{-1} mol.l^{-1}$ des 2 sulfures NiS et MnS. On désire que la précipitation de NiS, seul, soit réalisée à 99,9 %. On fait varier le pH de E. Tracer sur le même graphe $p[Ni^{2+}]$ et $p[Mn^{2+}] = f(pH)$. En déduire que la précipitation sélective de NiS, nécessite un milieu tamponné, dont on précisera le domaine correspondant de pH.

b) C_1 et C_2 sont quelconques. Quelle relation lie C_1 et C_2, pour que la séparation des 2 sulfures NiS et MnS, reste possible ?

<u>DONNEES</u> :

- constantes d'acidité de H_2S : $K_1 = 10^{-7,0}$; $K_2 = 10^{-13,8}$
- produits de solubilité : <u>NiS</u> $P_1 = 10^{-21}$; <u>MnS</u> $P_2 = 10^{-16}$; <u>Ag_2S</u> $P_3 = 10^{-51}$
- domaine de pH à considérer (graphes) : $0 \leqslant pH \leqslant 14$
- produit ionique de l'eau : $K_e = [H_3O^+][OH^-] = 10^{-14}$ à 25°C . On pose $[H_3O^+] = h$
- potentiels redox normaux : <u>S/H_2S</u> $\Rightarrow \pi_1^\circ = +\ 0,14\ V$; <u>SO_2/S</u> $\Rightarrow \pi_2^\circ = +\ 0,45\ V$
  <u>Ag^+/Ag</u> $\Rightarrow \pi_3^\circ = +\ 0,80\ V$
- on prendra $\dfrac{2,3\ RT}{\mathcal{F}} = 0,06$
- pour une espèce chimique X, $pX = -\log_{10} X$

I Cours: l'acide chlorhydrique
II Étude de la cinétique d'une réaction radicalaire en chaîne
$2\,CH_3CHO \rightarrow CH_3-CH_3 + H_2 + 2\,CO$
III Chimie organique
IV Étude de plusieurs solutions contenant du soufre (pH, red-ox, précipitation...)

II 1). a. M = éthanal $CH_3-C\begin{smallmatrix}{}^{\nearrow O} \\ {}_{\searrow H}\end{smallmatrix}$

$$
\begin{array}{llll}
(1) & CH_3-CHO \xrightarrow{k_1} CH_3^\bullet + CHO^\bullet & E_1 \\
(2) & CHO^\bullet \xrightarrow{k_2} H^\bullet + CO & E_2 \\
(3) & H^\bullet + CH_3CHO \xrightarrow{k_3} CH_3CO^\bullet + H_2 & E_3 \\
(4) & CH_3CO^\bullet \xrightarrow{k_4} CH_3^\bullet + CO & E_4 \\
(5) & CH_3^\bullet + CH_3CHO \xrightarrow{k_5} CH_4 + CH_3CO^\bullet & E_5 \\
(6) & CH_3^\bullet + CH_3^\bullet \xrightarrow{k_6} CH_3-CH_3 & E_6
\end{array}
$$

avec
$$
\left\{
\begin{array}{l}
M = CH_3CHO \\
R_1^\bullet = CH_3^\bullet \\
R'^\bullet_1 = CHO^\bullet \\
R_2 = CO \\
R_3^\bullet = CH_3CO^\bullet
\end{array}
\right.
$$

$$v = -\frac{d[M]}{dt} = k_1[M] + k_3[H^\bullet][M] + k_5[R_1^\bullet][M]$$

Appliquons la règle des intermédiaires de réaction X et de l'état stationnaire $\frac{d[X]}{dt} = 0$.
On a donc :

(1') $-\frac{d[R_1^\bullet]}{dt} = 0 = k_6[R_1^\bullet]^2 + k_5[R_1^\bullet][M] - k_4[R_3^\bullet] - k_1[M]$

(2') $-\frac{d[H^\bullet]}{dt} = 0 = -k_2[R'^\bullet_1] + k_3[H^\bullet][M]$

(3') $-\frac{d[R_3^\bullet]}{dt} = 0 = -k_3[H^\bullet][M] + k_4[R_3^\bullet] - k_5[R_1^\bullet][M]$

(4') $-\frac{d[R'^\bullet_1]}{dt} = 0 = -k_1[M] + k_2[R'^\bullet_1]$

d'où : (4') $\Rightarrow$ $\boxed{[R'^\bullet_1] = \frac{k_1}{k_2}[M]}$

(3') $\Rightarrow$ $k_4[R_3^\bullet] = k_5[R_1^\bullet][M] + k_1[M]$

(4') + (2') $\Rightarrow$ $-k_1[M] + k_3[H^\bullet][M] = 0$ d'où $\boxed{[H^\bullet] = \frac{k_1}{k_3}}$

(3') + (1') $\Rightarrow$ $k_6[R_1^\bullet]^2 - 2k_1[M] = 0$ d'où $\boxed{[R_1^\bullet] = \left(\frac{2k_1}{k_6}[M]\right)^{1/2}}$

En remplaçant dans l'expression de V, on obtient :

$$V = k_1[M] + k_3\frac{k_1}{k_3}[M] + k_5\left(\frac{2k_1}{k_6}[M]\right)^{1/2}[M]$$

d'où $\boxed{V = 2k_1[M] + k_5\sqrt{\frac{2k_1}{k_6}}\,([M])^{3/2}}$

or $v_5 = v_{CH_4} = k_5[R^\bullet][M] = k_5\sqrt{\frac{2k_1}{k_6}}\sqrt{[M]}\,[M]$
et $v_{H_2} = k_3[H^\bullet][M] = k_1[M]$

d'où $\boxed{V = 2\,v_{H_2} + v_{CH_4}}$

b) - $v_{CH_4} = v_5 \gg 100\,v_{H_2}$ et $v = k_5\sqrt{\frac{2k_1}{k_6}}\,[M]^{3/2}\left(1 + \frac{2}{k_5}\sqrt{\frac{k_1k_6}{2[M]}}\right)$

or $\frac{2}{k_5}\sqrt{\frac{k_1k_6}{2[M]}} \ll 1$ donc $\boxed{v = k_5\sqrt{\frac{2k_1}{k_6}}\,[M]^{3/2}}$ et ordre apparent = $\boxed{m = 3/2}$

On a $k = k_a\,e^{-\frac{E}{RT}}$ donc $k_1 = k_{a1}\,e^{-\frac{E_1}{RT}}$; $k_5 = k_{a5}\,e^{-\frac{E_5}{RT}}$ et $k_6 = k_{a6}\,e^{-\frac{E_6}{RT}}$

donc $\frac{2k_1}{k_6} = \frac{2k_{a1}}{k_{a6}}\,e^{-\left(\frac{E_1-E_6}{RT}\right)}$ d'où $\sqrt{\frac{2k_1}{k_6}} = \sqrt{\frac{2k_{a1}}{k_{a6}}}\,e^{-\frac{1}{2}\left(\frac{E_1-E_6}{RT}\right)}$

donc $k = k_5\sqrt{\frac{2k_1}{k_6}} = k_{a5}\sqrt{\frac{2k_{a1}}{k_{a6}}}\,e^{-\frac{1}{2}\left(\frac{E_1-E_6+2E_5}{RT}\right)}$

On obtient donc $\boxed{E_a = \dfrac{E_1 - E_6 + 2E_5}{2}}$ A.N : $\boxed{E_a = 201 \text{ kJ.mol}^{-1}}$

et $L = \dfrac{2k_5\sqrt{\frac{k_1}{k_6}}[M]^{3/2}}{k_1[M]}$ donc $\boxed{L = \dfrac{2k_5}{\sqrt{k_1k_6}}[M]^{1/2}}$

E_1 représente l'énergie d'activation nécessaire pour initier la réaction et décomposer M en deux radicaux. Cette énergie d'activation est de loin la plus grande : le profil énergétique est à énergie d'activation décroissante. C'est la première réaction qui est la barrière énergétique.
L'iode I_2 accélère la réaction parce qu'il favorise la formation des radicaux.

2) a - On a donc : (1) $k_6[R_1^\bullet]^2 + k_5[R_1^\bullet][M] - k_4[R_3^\bullet] - k'_1 I_{abs} = 0$
et $-k'_1 I_{abs} + k_2[R'^\bullet_1] = 0$

donc $[R'^\bullet_1] = \dfrac{k'_1}{k_2} I_{abs}$ et $[H^\bullet] = \dfrac{k'_1 I_{abs}}{k_3[M]}$

On remplace alors dans (1) : $[R_1^\bullet]^2 = \dfrac{2k'_1 I_{abs}}{k_6}$

d'où $v = k'_1 I_{abs} + k'_1 I_{abs} + k_5\left(\dfrac{2k'_1 I_{abs}}{k_6}\right)^{1/2}[M]$

donc $\boxed{v = 2k'_1 I_{abs} + k_5\left(\dfrac{2k'_1 I_{abs}}{k_6}\right)^{1/2}[M]}$

b) - $\boxed{v = k\,I_{abs} + 2k' I_{abs} + k_5\left(\dfrac{2k' I_{abs}}{k_6}[M]\right)^{1/2}}$

L'influence de la température n'intervient que pour le 2e mécanisme (Pour le 1er, E=0)

III 1) A CH_3CHO ⟶ B $CH_3-CH(OH)-C(=O)OH$

A
$CH_3CHO + HCN \xrightarrow{CN^-} CH_3-CH(OH)-CN$ cyanhydrine

$CH_3-CH(OH)-CN \xrightarrow{H_3O^+} CH_3-CH(OH)-C(=O)OH$ (B)

Si on considère que la règle de Felkin (addition des organomagnésiens sur les cétones) s'applique ici, on a donc :

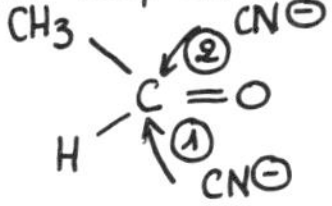

(1) = attaque (en anti par rapport au gros groupe CH_3)

① est l'attaque préférentielle et conduit à 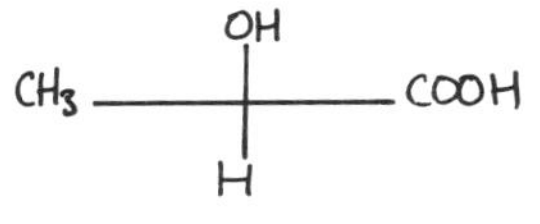 S

② conduit à 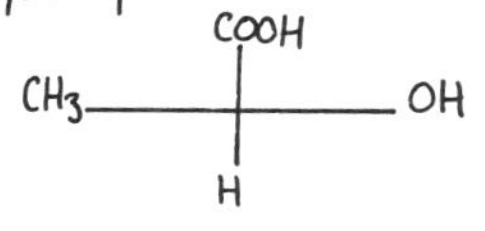 R

2) CH_3CHO ⟶ $CH_3-CH(OH)-CH-C(=O)OH$

I Cours: l'acide chlorhydrique
II Étude de la cinétique d'une réaction radicalaire en chaîne
$2\,CH_3CHO \rightarrow CH_3-CH_3 + H_2 + 2\,CO$
III Chimie organique
IV Étude de plusieurs solutions contenant du soufre (pH, red-ox, précipitation...)

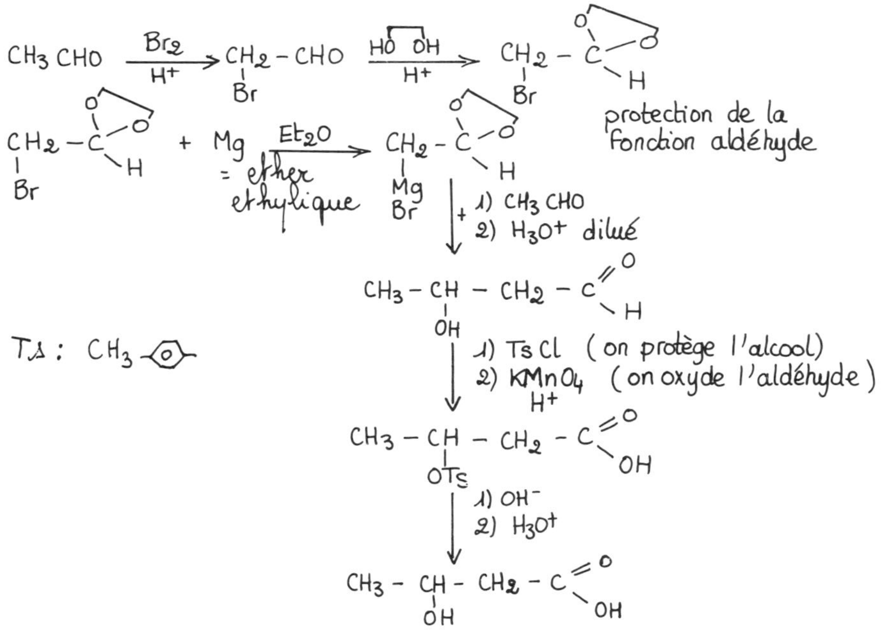

3)

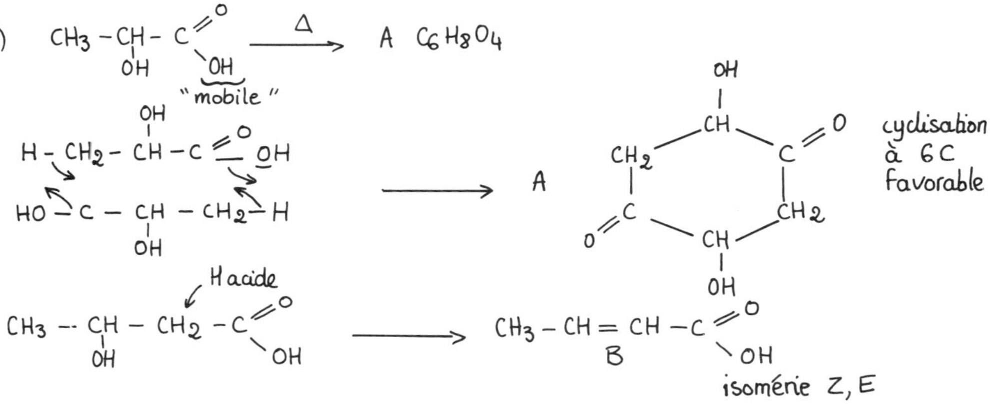

4)

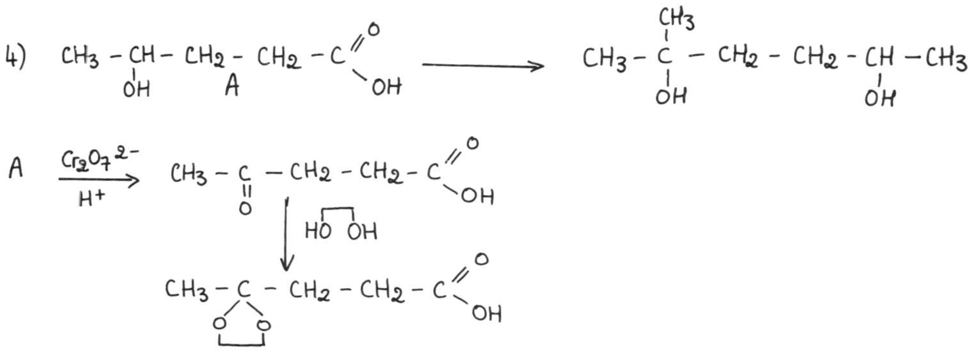

Centrale/Sup'Élec 82
Option P'

I Cours: l'acide chlorhydrique
II Étude de la cinétique d'une réaction radicalaire en chaîne
$2\,CH_3CHO \rightarrow CH_3 - CH_3 + H_2 + 2\,CO$
III Chimie organique
IV Étude de plusieurs solutions contenant du soufre (pH, red-ox, précipitation...)

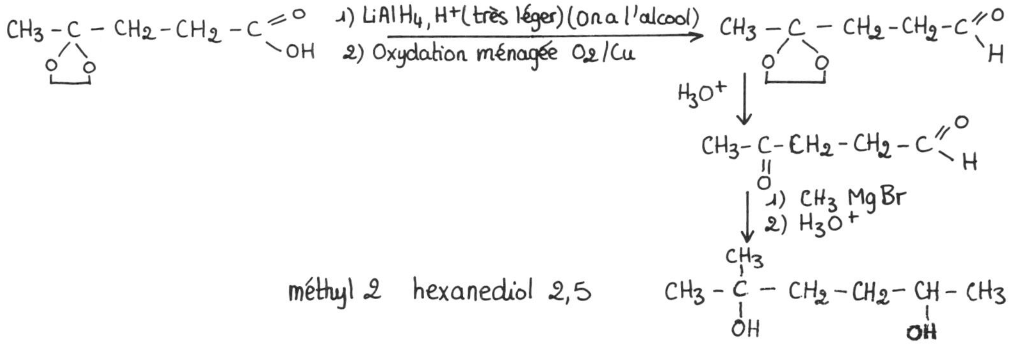

IV. 1) On a la réaction acide - base suivante :

$$H_2S + H_2O \rightleftharpoons HS^- + H_3O^+ \qquad Ka_1$$

HS^- est lui-même un acide et on peut avoir simultanément :

$$HS^- + H_2O \rightleftharpoons S^{2-} + H_3O^+ \qquad Ka_2$$

Etant donné $Ka_2 \ll Ka_1$, la 2e réaction est négligeable car $[HS^-]$ négligeable devant $[H_2S]$. On vérifiera cette hypothèse (1) lors du calcul des concentrations.

	H_2S + H_2O	$\rightleftharpoons$ HS^-	+ H_3O^+
concentrations :	10^{-1}	0	0
	$10^{-1} - h$	h	h

Supposons $h \ll 10^{-1}$ (on a $Ka_1 \ll 1$)

$Ka_1 = \dfrac{h^2}{10^{-1}}$ donc $h = [H_3O^+] = \sqrt{10^{-1} \times 10^{-7}}$

d'où $\boxed{[H_3O^+] = 10^{-4}\ mol.\ell^{-1}}$ et $\boxed{pH = 4}$

On vérifie que $h = 10^{-4} \ll 10^{-1}$

Calcul des concentrations

$\boxed{[H_2S] = 10^{-1}}$ $\boxed{[HS^-] = 10^{-4}}$ (On vérifie l'hypothèse (1) : $\underset{10^{-4}}{[HS^-]} \ll \underset{10^{-1}}{[H_2S]}$)

$Ka_2 = \dfrac{[S^{2-}] \times h}{[HS^-]} = [S^{2-}]$ d'où $[S^{2-}] = 10^{-13,8}\ mol.\ell^{-1}$ $\boxed{[S^{2-}] = 1,58.10^{-14}}$

et $[OH^-] = \dfrac{Ke}{[H_3O^+]}$ c'est-à-dire $\boxed{[OH^-] = 10^{-10}\ mol.\ell^{-1}}$

2) On a une "solution" $H_2S + H_2O + S$.

Les espèces chimiques H_2S, HS^-, S^{2-} en solution ont des concentrations dépendant du pH.

$Ka_1 = \dfrac{[HS^-][H_3O^+]}{[H_2S]}$ d'où $[HS^-] = [H_2S]$ pour $pH = pKa_1$

$[H_2S]$ est prépondérant pour $pH < pKa_1 = 7$

$Ka_2 = \dfrac{[S^{2-}][H_3O^+]}{[HS^-]}$ d'où $[S^{2-}] = [HS^-]$ pour $pH = pKa_2$

$[HS^-]$ est prépondérant pour $pKa_1 < pH < pKa_2$ c'est-à-dire $7 < pH < 13,8$.
$[S^{2-}]$ est prépondérant pour $pH > pKa_2 = 13,8$

Ce raisonnement est possible car $Ka_1 \gg Ka_2$ et, donc, les deux réactions peuvent être traitées séparément.

• $pH < pKa_1 = 7$: $H_2S \rightleftharpoons S + 2H^+ + 2e^-$

On applique la formule de Nernst : $\pi = \pi_1^\circ + \frac{1}{2}\frac{RT}{\mathcal{F}} \ln \frac{[H^+]^2 a_S}{[H_2S]}$

avec : π_1° : potentiel du couple H_2S/S à $pH=0$
$a_S = 1$ car soufre colloïdal pur dans sa phase.
$a_{H_2S} = [H_2S]$ - idem pour H^+. (a_x = activité de x)

d'où $\pi = \pi_1^\circ + \frac{0{,}06}{2}\log\frac{[H^+]^2}{10^{-1}}$

$\pi = \pi_1^\circ + 0{,}03 - 0{,}06\,pH$ donc $\boxed{\pi = 0{,}17 - 0{,}06\,pH \text{ et } pH \leq 7}$

• $pKa_1 = 7 < pH < pKa_2 = 13{,}8$: $HS^- \rightleftharpoons S + H^+ + 2e^-$

d'où $\pi = \pi_1^{\circ\prime} + \frac{0{,}06}{2}\log\frac{[H^+]}{[HS^-]}$ $\pi_1^{\circ\prime}$: potentiel "apparent" du couple HS^-/S

$[HS^-] = 10^{-1}$ car prépondérant et donc $[HS^-] = [H_2S]_{initial} = 10^{-1}$

$\pi = \pi_1^{\circ\prime} + 0{,}03 - 0{,}03\,pH$

à $pH = 7$ il y a continuité des potentiels donc $\pi_1^{\circ\prime} + 0{,}03 - 0{,}03\,pH = \pi_1^\circ + 0{,}03 - 0{,}06\,pH$
d'où $\pi_1^{\circ\prime} = \pi_1^\circ - 0{,}03 \times 7$
donc $\pi_1^{\circ\prime} = -0{,}07\,V$

donc $\boxed{\text{pour } 7 \leq pH \leq 13{,}8 \quad \pi = -0{,}04 - 0{,}03\,pH}$

• $pH \geq 13{,}8$: S^{2-} est prépondérant, donc on a la ½ réaction rédox suivante :

$S^{2-} \rightleftharpoons S + 2e^-$

$[S^{2-}] = 10^{-1}\ mol.l^{-1}$ et $\pi = \pi_1^{\circ\prime\prime} + \frac{0{,}06}{2}\log\frac{1}{10^{-1}} = \pi_1^{\circ\prime\prime} + 0{,}03$

à $pH = 13{,}8$ on a $\pi_1^{\circ\prime\prime} + 0{,}03 = -0{,}04 - 0{,}03 \times 13{,}8$ donc $\pi_1^{\circ\prime\prime} = -0{,}484V$

donc $\boxed{\text{pour } pH \geq 13{,}8 \quad \pi = -0{,}454V}$

DIAGRAMME POTENTIEL - PH DE H_2S/S

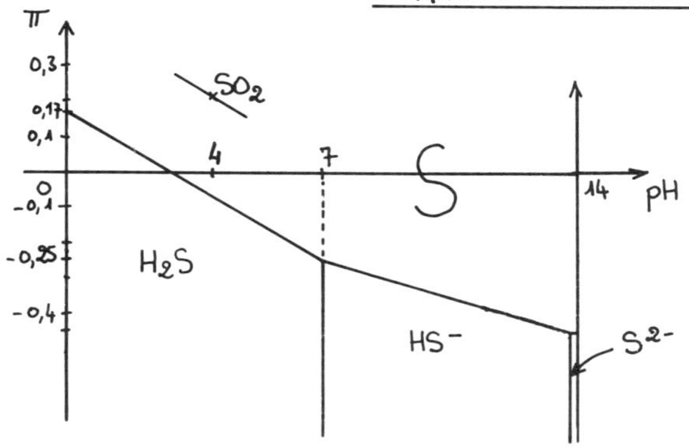

• La solution A est une solution de H_2S dans l'eau, de concentration $10^{-1}\ mol.l^{-1}$ et de pH=4.
• Si on utilise une solution de SO_2, SO_2 peut oxyder H_2S pour donner S.

$$\begin{cases} 4e^- + SO_2 + 4H^+ \rightleftharpoons S + 2H_2O \\ H_2S \rightleftharpoons S + 2H^+ + 2e^- \end{cases}$$

On voit sur le diagramme si la réaction est possible ou non : il faut que SO_2 et H_2S n'aient pas de domaine commun autour de pH=4.

$$\pi_{SO_2/S} = 0{,}45 + \frac{0{,}06}{4}\log\frac{[H^+]^4[SO_2]}{1}$$

$$\pi_{SO_2/S} = 0{,}45 + 0{,}015\log[SO_2] - 0{,}06\,pH$$

$$\begin{cases} pH = 4 & \pi_{SO_2/S} = 0{,}21 + 0{,}015\log[SO_2] \\ pH = 4 & \pi_{S/H_2S} = -0{,}07 \end{cases}$$

Cette réaction est donc possible.

3). Solution C : $[NiS] = 10^{-1}$ M.

a- $NiS \rightleftharpoons Ni^{2+} + S^{2-}$ $\quad K = P_1 = 10^{-21}$

$$\begin{cases} S^{2-} + H_3O^+ \rightleftharpoons HS^- + H_2O & K = 1/Ka_2 = 10^{13,8} \\ HS^- + H_3O^+ \rightleftharpoons H_2S + H_2O & K = 1/Ka_1 = 10^7 \end{cases}$$

$$s = [Ni^{2+}] = [S^{2-}] + [HS^-] + [H_2S]$$

$$s = \frac{P_1}{s} + \frac{P_1}{s}h \times \frac{1}{Ka_2} + \frac{P_1}{s}h^2\frac{1}{Ka_1Ka_2}$$

donc $\boxed{s^2 = P_1\left[1 + \frac{h}{Ka_2} + \frac{h^2}{Ka_1Ka_2}\right]}$

b- Domaines de prédominance en fonction du pH

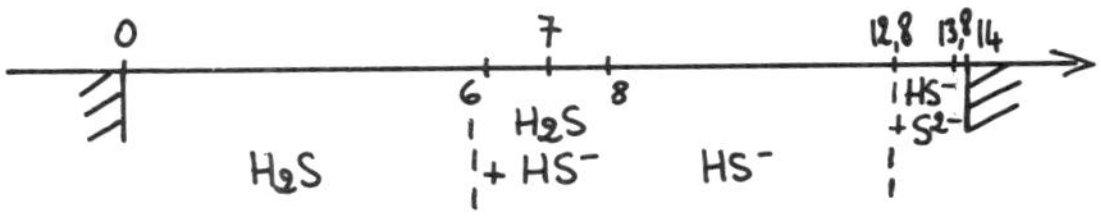

- $\underline{pH \leq 6}$: H_2S prépondérant

$$s = \frac{P_1}{s}h^2\frac{1}{Ka_1Ka_2} \quad \text{donc} \quad s^2 = P_1h^2\frac{1}{Ka_1Ka_2} \quad \text{d'où} \quad \boxed{ps = \frac{1}{2}(pP_1 - pKa_1 - pKa_2) + pH}$$

donc $\boxed{ps = 0{,}1 + pH \quad \text{pour} \quad pH \leq 6}$

- $\underline{8 \leq pH \leq 12{,}8}$: HS^- prépondérant

$$s^2 = \frac{P_1h}{Ka_2} \quad \text{donc} \quad ps = \frac{1}{2}(pP_1 - pKa_2) + \frac{1}{2}pH$$

d'où $\boxed{ps = 3{,}6 + \frac{1}{2}pH \quad \text{pour } 8 \leq pH \leq 12{,}8}$

- $\underline{6 \leq pH \leq 8}$: $H_2S + HS^-$

$$s^2 = \frac{h}{Ka_2}P_1\left[1 + \frac{h}{Ka_1}\right] \quad \text{d'où} \quad 2ps = pH - pKa_1 + pP_1 - \log\left[1 + \frac{h}{Ka_1}\right]$$

$$ps = \frac{1}{2}pH - \frac{1}{2}\log\left(1 + \frac{h}{Ka_1}\right) + \frac{1}{2}(pP_1 - pKa_2)$$

donc $\boxed{ps = \frac{1}{2}pH - \frac{1}{2}\log(1 + 10^7 \times h) + 3{,}6}$

pH = 6,5 $\quad$ ps = 6,54
pH = 7 $\quad$ ps = 6,95
pH = 7,5 $\quad$ ps = 7,29

• pH > 12,8 $\qquad HS^- + S^{2-}$

$s^2 = P_1\left(1 + \frac{h}{Ka_2}\right)$ $\qquad \boxed{pS = \frac{1}{2}pP_1 - \frac{1}{2}\log(1 + 10^{13,8}h)}$

$pS = 10,5 - \frac{1}{2}\log(1 + 10^{13,8}h)$

pH = 13 $\qquad pS = 10,07$

pH = 14 $\qquad pS = 10,39$

On trace le graphe $pS = f(pH)$.

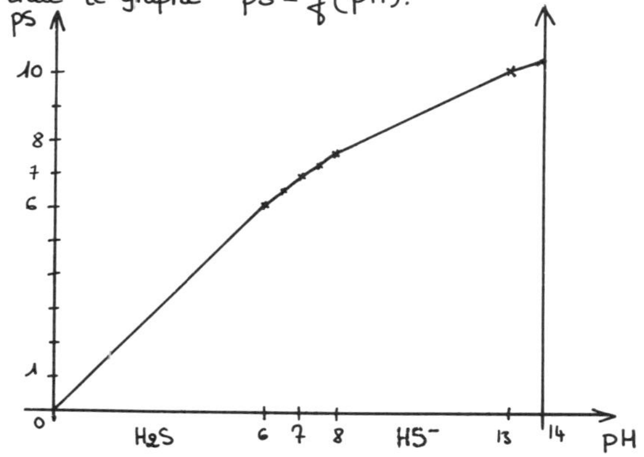

4) D : B + 10^{-1} mol.l^{-1} de $AgNO_3$

a) 10^{-1} mol.l^{-1} : $H_2S + S$

Il y a précipitation si l'équilibre (1) $2Ag^+ + S^{2-} \rightleftharpoons Ag_2S$ est vérifié.

Il faut pour cela que :

$$[Ag^+]^2_i . [S^{2-}]_i \geq [Ag^+]^2_e . [S^{2-}]_e = P_3 = 10^{-51}$$

$[Ag^+]_i = 10^{-1}$ M $\Rightarrow$ $[Ag^+]^2_i = 10^{-2}$ M ; $[S^{2-}]_i = 1,58.10^{-14}$ M $\}$ il y a donc précipitation

La constante de la réaction (1) est $10^{51} = \frac{1}{P_3} = \frac{1}{[Ag^+]^2[S^{2-}]}$

Supposons que les ions Ag^+ précipitent, tous... alors $[H_2S] + [HS^-] + [S^{2-}] = 0,05$ M

<u>hypothèse</u> : pH < 6 $\qquad H_2S$ prédominant

alors $[H_2S] \simeq 0,05$ M $\quad$ solution de H_2S dans l'eau + précipité Ag_2S

$$H_2S + H_2O \rightleftharpoons HS^- + H_3O^+$$

$Ka_1 = \frac{h^2}{[H_2S]}$ $\quad$ donc $\quad h = (0,05 \times 10^{-7})^{1/2}$ M

d'où $\boxed{pH = 4,15}$ $\quad$ (l'hypothèse est vérifiée)

$[S^{2-}] = \frac{Ka_1\,Ka_2\,[H_2S]}{h^2}$ $\quad$ donc $\quad \boxed{[S^{2-}] = 1,581.10^{-14}\ mol.L^{-1}}$

$[Ag^+]^2[S^{2-}] = 10^{-51}$ donc $[Ag^+] = \left(\frac{10^{-51}}{[S^{2-}]}\right)^{1/2}$ $\quad \boxed{[Ag^+] = 2,52.10^{-19}\ mol.L^{-1}}$

L'hypothèse que tous les ions Ag^+ ont précipité est vérifiée.

On a donc:

$$\begin{cases} [Ag^+] = 2{,}52.10^{-19} \text{ mol.l}^{-1} \\ [S^{2-}] = 1{,}581.10^{-14} \text{ mol.l}^{-1} \\ [H_2S] = 0{,}05 \text{ mol.l}^{-1} \\ [HS^-] = 7{,}08.10^{-5} \text{ mol.l}^{-1} \\ [H_3O^+] = 7{,}08.10^{-5} \text{ mol.l}^{-1} \\ [OH^-] = 1{,}41.10^{-10} \text{ mol.l}^{-1} \end{cases}$$

b) Potentiel du couple Ag^+/Ag:

On a:

$$Ag^+ + e^- \underset{}{\overset{\Delta G_3^\circ}{\rightleftharpoons}} Ag \qquad (\times 2)$$

$$Ag_2S \overset{P_3}{\rightleftharpoons} 2Ag^+ + S^{2-}$$

Dans D:

$$Ag_2S + 2e^- \xrightarrow{\Delta G} 2Ag + S^{2-}$$

$$\Delta G = 2\Delta G_3^\circ + (-RT\ln P_3)$$

$$-2\mathcal{F}E^\circ = -2\mathcal{F}E_3^\circ - RT\ln P_3$$

$$E^\circ = E_3^\circ + \frac{RT}{2\mathcal{F}}\ln P_3 = E_3^\circ + 0{,}03\log P_3$$

donc $\boxed{E^\circ = E_3^\circ - 0{,}03\,pP_3}$ et $\boxed{E^\circ = -0{,}73\,V}$

Dans ces conditions, l'électrode d'argent peut être attaquée par les réducteurs H_2S, HS^- ou S^{2-}.

5) a – E : $[H_2S] = 10^{-1}$ mol.l^{-1}
$C_1 = C_2 = 10^{-1}$ mol.l^{-1} de NiS et MnS.

(1) $Ni^{2+} + S^{2-} \rightleftharpoons NiS$
$P_1 = [Ni^{2+}][S^{2-}] = 10^{-21}$

(2) $Mn^{2+} + S^{2-} \rightleftharpoons MnS$
$P_2 = [Mn^{2+}][S^{2-}] = 10^{-16}$

$$Ka_1 Ka_2 = \frac{[S^{2-}][H_3O^+]^2}{[H_2S]} \quad \text{d'où} \quad [S^{2-}] = \frac{Ka_1 Ka_2 [H_2S]}{[H_3O^+]^2}$$

donc $$[S^{2-}] = \frac{1{,}585.10^{-22}}{[H_3O^+]}$$

Calculons les pH de précipitation de NiS et MnS :

- Au 1er grain de précipité:

– $[Ni^{2+}] = 10^{-1}$ d'où $[S^{2-}] = 10^{-20} = \dfrac{1{,}585.10^{-22}}{[H_3O^+]^2}$

$$\boxed{pH = pH_1 = 0{,}89}$$

– $[Mn^{2+}] = 10^{-1}$ d'où $[S^{2-}] = 10^{-15} = \dfrac{1{,}585.10^{-22}}{[H_3O^+]^2}$

$$\boxed{pH = pH_2 = 3{,}40}$$

A partir de $pH = pH_1 = 0{,}89$, on a l'équilibre (1) et donc $P_1 = [Ni^{2+}][S^{2-}] = 10^{-21}$.

$$[Ni^{2+}] = \frac{10^{-21}}{10^{-1}} \times \frac{[H_3O^+]^2}{Ka_1 Ka_2}$$

$p([Ni^{2+}]) = 20 + 2pH - (pKa_1 + pKa_2)$ d'où $\boxed{p(Ni^{2+}) = -0{,}8 + 2pH}$

A partir de $pH = 3{,}40$, on a l'équilibre (2), et donc $P_2 = [Mn^{2+}][S^{2-}] = 10^{-16}$

$$[Mn^{2+}] = 10^{-15} \times \frac{[H_3O^+]^2}{Ka_1 Ka_2}$$

$p(Mn^{2+}) = 15 + 2pH - (pKa_1 + pKa_2)$ d'où $\boxed{p(Mn^{2+}) = -5{,}8 + 2pH}$

La précipitation de NiS est réalisée à 99,9 % si $[Ni^{2+}] = 1.10^{-4}$ M $(= 0{,}1\% \times 10^{-1})$
$p(Ni^{2+}) = 4$ alors $pH = 2{,}4$. La précipitation de MnS n'a pas encore lieu, c'est possible.

Le milieu tamponné qu'il faut choisir doit avoir un pH = 2,4.

b- C_1 : NiS on a au 1er grain $c_1 \times \dfrac{10^{-1}\, Ka_1 Ka_2}{[H_3O^+]^2} = 10^{-21}$

d'où $[H_3O^+]^2_{1\text{ au 1er grain}} = c_1 \cdot 10^{20}\, Ka_1 \cdot Ka_2$

C_2 : MnS ; de même au 1er grain : $[H_3O^+]_2^2 = c_2\, 10^{15}\, Ka_1 . Ka_2$

donc il faut déjà $c_1 . 10^{20} > c_2 . 10^{15}$ (NiS précipite en premier !)

Ensuite (lorsque $[H_3O^+] < [H_3O^+]_1$, $pH > pH_1$) $[Ni^{2+}] = \dfrac{10^{-21}}{10^{-1}}\;\dfrac{[H_3O^+]^2}{Ka_1 Ka_2}$

$p(Ni^{2+}) = -0{,}8 + 2pH$.
Il faut que le pH de fin de précipitation soit inférieur au pH_2 de début de précipitation de Mn_2S.
fin de précipitation : $[Ni^{2+}] = \dfrac{0{,}1}{100} \times c_1 = 10^{-3} c_1$.
$p(Ni^{2+}) = 3 - \log c_1 = -0{,}8 + 2\,pH_{fin\,1}$
et on a $[H_3O^+]_2 = (c_2\, 10^{15}\, Ka_1 Ka_2)^{1/2}$
$pH_2 = \frac{1}{2}(-\log c_2 - 15 + pKa_1 + pKa_2)$.
or $pH_2 > pH_{fin\,1}$ donc $\frac{1}{2}(-\log c_2 + 5{,}8) > \frac{1}{2}(-\log c_1 + 3{,}8)$

$\boxed{\log c_1 > \log c_2 - 2{,}8}$

Centrale/Sup'Élec 82 — I Chimie organique — II Étude cinétique de la synthèse de l'eau — III Réactions de précipitation en solution aqueuse — Durée : 3H

Option TA

Cette épreuve comporte trois parties indépendantes :

I - CHIMIE ORGANIQUE

Lors de la mise en présence des réactifs, dans chacun des cas suivants : a, b, c, d, e, f, il s'opère une réaction privilégiée (unique ou prépondérante) :

- écrire son équation bilan.
- suggérer un schéma réactionnel explicatif.
- donner le nom du produit organique obtenu.

a) propène + chlorure d'hydrogène.

b) propène + bromure d'hydrogène, en présence de peroxyde de benzoyle.

c) propène + dibrome (Br_2) en solution dans du tétrachlorure de carbone.

d) propène + acide sulfurique.

e) chloro-1 propane + eau.

f) chloro-2 méthyl-2 propane + eau.

II - ETUDE CINETIQUE DE LA SYNTHESE DE L'EAU

La réaction de synthèse de l'eau peut être réalisée à 298 K (25°C) par photosensibilisation. Pour cela, on irradie un mélange de dihydrogène (H_2), de dioxygène (O_2) et de vapeur de mercure (Hg), à basse pression, par une radiation ultra-violette de longueur d'onde égale à 253,7 nm(10^{-9}m). La molécule monoatomique de mercure excitée (Hg*) possède alors une énergie suffisante pour dissocier, lors d'un choc, la molécule de dihydrogène. La suite des réactions prépondérantes est la suivante :

1 - $Hg \xrightarrow{UV} Hg^*$

2 - $Hg^* + H_2 \longrightarrow Hg + 2\,H^\bullet$

3 - $H^\bullet + O_2 \longrightarrow HO_2^\bullet$

4 - $HO_2^\bullet + H_2 \longrightarrow 2\,OH^\bullet + H^\bullet$

5 - $OH^\bullet + H_2 \longrightarrow H_2O + H^\bullet$

6 - $H^\bullet + M \longrightarrow \frac{1}{2}\,H_2 + M$ (M représente une molécule de la paroi du réacteur).

Soit I_0 l'intensité du faisceau lumineux, effectivement utilisée, pour la réaction 1.
On suppose que la réaction 2 s'effectue alors avec une vitesse v_2 donnée par une relation de la forme $v_2 = k_2\,I_0$. On désigne par k_3, k_4, k_5, les constantes cinétiques des réactions 3, 4, 5 ; et on pose $v_6 = k_6'\,[H^\bullet]$.

1°) Quelles sont parmi les réactions précédentes celles qui correspondent à une initiation, à une phase de propagation ou à une rupture (ou terminaison) de chaine ?

2°) Pourquoi dit-on que les réactions 2, 3, 4, 5 sont des réactions bimoléculaires ?

Comment peut-on mettre en évidence, expérimentalement, l'influence de la paroi du réacteur sur la vitesse de la réaction de synthèse étudiée ?

3°) Ecrire l'équation bilan globale de la réaction de synthèse de l'eau réalisée par la séquence proposée : 1, 2, 3, 4, 5, 6.

4°) En admettant la validité de l'hypothèse d'existence d'états stationnaires pour les divers radicaux formés, exprimer, en particulier en fonction des constantes cinétiques, la vitesse de formation de l'eau lors de cette réaction de photosynthèse.

5°) Peut-on définir un ordre global pour cette réaction de synthèse de l'eau ?

6°) Pour de très faibles pressions en dioxygène la réaction de synthèse de l'eau possède un ordre apparent. Quel est cet ordre global apparent et quels sont les ordres partiels apparents par rapport aux réactifs dihydrogène et dioxygène.

7°) a) Tracer, directement sur la copie, l'allure de la courbe donnant la vitesse de formation de l'eau en fonction de la concentration en dioxygène limitée au domaine expérimental.

b) Qu'advient-il lorsque la concentration en dioxygène tend vers le rapport $\frac{k'_6}{2k_3}$?

III - REACTIONS DE PRECIPITATION EN SOLUTION AQUEUSE

1°) Calculer le pH d'une solution aqueuse de sulfure de dihydrogène H_2S à 10^{-2} mol.dm^{-3} à 298 K (25°C) (1 dm^{-3} = 1 l^{-1}).

2°) On fait varier le pH d'une solution saturée en sulfure de dihydrogène par addition d'acide fort (ou de base forte) en solution concentrée.
On admettra que la variation de volume consécutive à cette addition est négligeable. On maintient la saturation en sulfure de dihydrogène tout au long de l'expérience.
Etablir la relation entre $\log_{10} [S^{2-}]$ et pH de la solution à l'équilibre.

3°) Une solution contient 10^{-2} mol.dm^{-3} de bis (trioxonitrate) de manganèse (II) : $Mn(NO_3)_2$, et 10^{-3} mol.dm^{-3} de trioxonitrate de thallium (I) : $TlNO_3$. On la sature en sulfure de dihydrogène après l'avoir tamponnée à un pH choisi, sans que ces opérations aient entrainé une variation notable du volume de la solution.

a) Dans quel domaine de pH faut-il opérer pour précipiter le sulfure de dithallium(I) Tl_2S sans précipiter ni le sulfure de manganèse (II) MnS, ni le dihydroxyde de manganèse (II) $Mn(OH)_2$?

b) Dans quel domaine de pH faut-il opérer pour précipiter le sulfure de manganèse (II) sans précipiter le sulfure de dithallium (I), ni le dihydroxyde de manganèse (II) ?

c) Calculer le pourcentage d'ions thallium précipités, à l'équilibre, si on a tamponné la solution à pH = 6.

DONNEES

A 298 K ; K_{A_1} (H_2S / HS^-) = $5{,}7.10^{-8}$; K_{A_2} (HS^- / S^{2-}) = $1{,}2.10^{-15}$

$K_e = 10^{-14}$ (produit ionique de l'eau)

$K_{s\,(MnS)} = 1{,}4.10^{-15}$; $K'_{s}\,(Tl_2S) = 10^{-22}$

$K''_{s}\,(Mn(OH)_2) = 4.10^{-14}$

On considèrera que dans une solution aqueuse saturée en sulfure de dihydrogène, à l'équilibre $[H_2S] = 10^{-1}$ mol.dm^{-3} à 298 K.

I. CHIMIE ORGANIQUE

a)- $CH_3-CH=CH_2 + HCl \longrightarrow CH_3-CH(Cl)-CH_3$

Chloro-2-propane

C'est une addition électrophile, en deux étapes :

$CH_3-CH=CH_2 \xrightarrow{H^+} CH_3-\overset{+}{C}H-CH_3$

Le cation secondaire est plus stable et se forme plus rapidement que le cation primaire

$CH_3-C^+H-CH_3 \xrightarrow{Cl^-} CH_3-CH(Cl)-CH_3$

b) $-CH_3-CH=CH_2 + HBr \xrightarrow{\text{péroxydes}} CH_3-CH_2-CH_3-Br$
bromo-1 propane

C'est une addition radicalaire en chaîne où le radical qui attaque la double liaison est $Br^\bullet$.

propagation $\begin{cases} CH_3-CH=CH_2 + Br^\bullet \longrightarrow CH_3-CH^\bullet-CH_2Br \\ CH_3-CH^\bullet-CH_3 + HBr \longrightarrow CH_3-CH_2-CH_2Br + Br^\bullet \end{cases}$

c) $CH_3-CH=CH_2 + Br_2 \longrightarrow CH_3-CHBr-CH_2Br$
dibromo 1,2 propane

C'est une addition électrophile passant par un intermédiaire appelé ion bromonium :

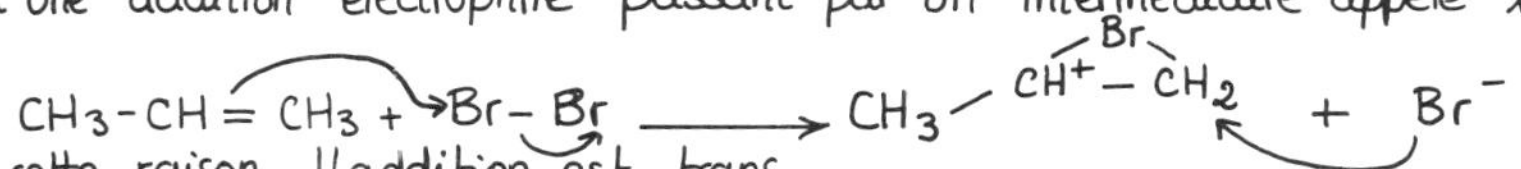

Pour cette raison, l'addition est trans.

d) $CH_3-CH=CH_2 + H_2SO_4 \longrightarrow CH_3-CH(OSO_3H)-CH_3$ hydrogénosulfate d'isopropyle

Le mécanisme est très proche de celui du a).

e) $CH_3-CH_2-CH_2Cl + H_2O \longrightarrow CH_3-CH_2-CH_2OH + HCl$
propanol 1

Il s'agit d'une substitution nucléophile. Le cation provenant de la dissociation éventuelle du chloropropane n'est pas stable car primaire. Le mécanisme est donc S_N2.
H_2O est mauvais nucléophile comparé à OH^-, l'agent nucléophile est probablement OH^-.

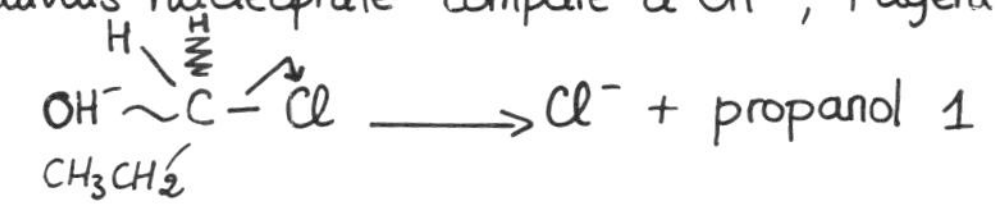

f). $CH_3-C(CH_3)(Cl)-CH_3 + H_2O \longrightarrow CH_3-C(CH_3)(OH)-CH_3 + HCl$
méthyl 2 propanol 2 ou terbutanol

Cette fois, le cation résultant de l'ionisation est stable. Donc le mécanisme passe par cette ionisation.

$CH_3-C(CH_3)(Cl)-CH_3 \longrightarrow CH_3-C^+(CH_3)-CH_3 + Cl^-$

$(CH_3)_3C^+ \xrightarrow{H_2O} CH_3-C(CH_3)(\overset{+}{O}H_2)-CH_3 \longrightarrow CH_3-C(CH_3)(OH)-CH_3 + H^+$.

II ETUDE CINETIQUE DE LA SYNTHESE DE L'EAU

1°) Les réactions d'initiation sont celles qui font apparaître des entités réactives (ici des radicaux) à partir d'espèces qui ne le sont pas. Il s'agit des deux premières.

Les réactions de propagation sont celles qui font réagir des radicaux tout en en régénerant d'autres : il s'agit des réactions 3, 4 et 5.

La réaction 6 est une réaction de rupture : elle fait disparaître un radical.

2°) Les réactions 2,3,4 et 5 représentaient des actes élémentaires, c'est-à-dire des évènements se passant à l'échelle microscopique : la réaction 2 se lit " Un atome excité de mercure rencontre une molécule d'oxygène pour donner un atome de mercure et deux atomes d'hydrogène." Comme elle fait intervenir la rencontre de deux atomes (ou molécules), elle est dite bimoculaire.

La réaction $2H_2 + O_2 \longrightarrow 2H_2O$ en revanche ne représente qu'un bilan macroscopique : il ne s'agit pas de la rencontre de 2 molécules d'hydrogène avec une molécule d'oxygène. On lira : " Globalement, deux moles de H_2 ont réagi avec une mole de O_2 pour donner deux moles d'eau". Et on ne parlera pas de bimolécularité.

L'influence de la paroi peut être mise en évidence de deux manières :
- en changeant la nature de la paroi
- en changeant sa surface

3°) On établit le bilan par un photon absorbé :
Hg se retrouve tel qu'au départ et a fourni $2H^\bullet$ d'où les bilans suivants :

Pour 2 : $H_2 \longrightarrow 2H^\bullet$

Pour 3 : $2H^\bullet + 2O_2 \longrightarrow 2HO_2^\bullet$

Pour 4 : $2HO_2 + 2H_2 \longrightarrow 4OH^\bullet + 2H^\bullet$

Pour 5 : $4OH^\bullet + 4H_2 \longrightarrow 4H_2O + 4H^\bullet$

d'où $7H_2 + 2O_2 \longrightarrow 4H_2O + 6H^\bullet$

et pour 6 $6H^\bullet \longrightarrow 3H_2$

d'où un bilan global de :

$$\boxed{4H_2 + 2O_2 \longrightarrow 4H_2O}$$

4°) la vitesse de formation de l'eau est

$$\boxed{v = k_5[OH^\bullet][H_2]} \quad \text{(d'après le bilan de 5)}$$

On suppose les différents radicaux dans un état stationnaire, donc :

$$\frac{d[OH^\bullet]}{dt} = 2k_4[HO_2^\bullet][H_2] - k_5[OH^\bullet][H_2] = 0$$

$$\frac{d[HO_2^\bullet]}{dt} = k_3[H^\bullet][O_2] - k_4[HO_2^\bullet][H_2] = 0$$

$$\frac{d[H^\bullet]}{dt} = 2k_2I_0 - k_3[H^\bullet][O_2] + k_4[HO_2^\bullet][H_2] + k_5[OH^\bullet][H_2] - k_6'[H^\bullet] = 0$$

De ces équations, on tire : $k_5[OH^\bullet][H_2] = 2k_4[HO_2^\bullet][H_2]$
d'où, en reportant dans la seconde : $k_5[OH^\bullet][H_2] = 2k_3[H^\bullet][O_2]$
On reporte ce résultat, ainsi que la seconde équation dans la dernière :

$$2k_2I_0 + 2k_3[H^\bullet][O_2] - k_6'[H^\bullet] = 0$$

d'où $$[H^\bullet] = \frac{2k_2I_0}{k_6' - 2k_3[O_2]}$$

or $v = k_5[OH^\bullet][H_2] = 2k_3[H^\bullet][O_2]$ d'où $$\boxed{v = \frac{4k_2k_3I_0[O_2]}{k_6' - 2k_3[O_2]}}$$

5°) Il n'y a donc pas d'ordre global.

6°) Pour de faibles pressions en dioxygène, on peut écrire : $2k_3[O_2] \ll k'_6$
donc $v \simeq \frac{4k_2k_3}{k'_6} I_0 [O_2]$.

7°) a).

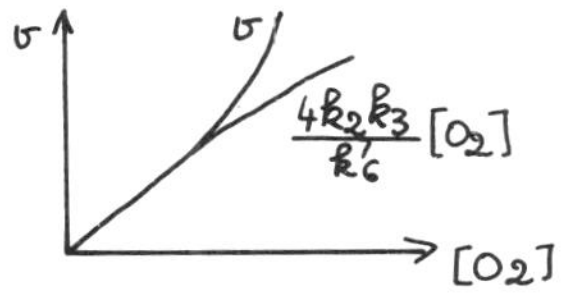

b) Quand $[O_2]$ tend vers $\frac{k'_6}{2k_3}$, la vitesse devient infinie ; il y a explosion cinétique.

III REACTIONS DE PRECIPITATION EN SOLUTION AQUEUSE

1°) La conservation des espèces soufrées s'écrit :

$$[H_2S] + [HS^-] + [S^{2-}] = 10^{-2}$$

La conservation des protons s'écrit : $[HS^-] + 2[S^{2-}] + [OH^-] = [H_3O^+]$
On s'attend à une solution acide, on peut donc négliger dans cette dernière équation les ions OH^- : $[HS^-] + 2[S^{2-}] = [H_3O^+]$.
Les constantes d'acidité s'écrivent :

$$Ka_1 = \frac{[H^+][HS^-]}{[H_2S]} \qquad Ka_2 = \frac{[H^+][S^{2-}]}{[HS^-]}$$

étant donné les très faibles valeurs de Ka_1 et Ka_2, on doit s'attendre à avoir :

$$[H_2S] \gg [HS^-] \gg [S^{2-}]$$

on peut donc écrire : $[H_2S] \simeq 10^{-2}$
$[HS^-] \simeq [H_3O^+]$

donc $Ka_1 = \frac{[H^+]^2}{10^{-2}}$ d'où $[H^+] = 2,39.10^{-5}\ mol.l^{-1}$
d'où $\boxed{pH = 4,62}$

2°) En reprenant les expressions des constantes d'acidité, on a :

$$Ka_1 Ka_2 = \frac{[H^+]^2[S^{2-}]}{[H_2S]}$$

on maintient $[H_2S]$ à saturation, soit $[H_2S] = 10^{-1}\ mol.dm^{-3}$
d'où $\log[S^{2-}] = \log(Ka_1 Ka_2) - 1 + 2pH$

$$\boxed{\log[S^{2-}] = -23,16 + 2pH}$$

3°) a) * On fait précipiter le sulfure de thallium dès que le produit de solubilité K'_s est atteint : $K'_s = [Tl^+]^2[S^{2-}]$
avec, au début de précipitation : $[Tl^+] = 10^{-3}$
on doit donc avoir :

$$[S^{2-}] \gg \frac{K'_s}{[Tl^+]^2} \quad \text{c'est-à-dire} \quad [S^{2-}] \gg 10^{-16}$$

donc, d'après la question 2), on doit avoir : $\boxed{pH \geqslant 3,58}$

* Pour ne pas faire précipiter le sulfure de manganèse, on doit avoir :

$$[Mn^{2+}][S^{2-}] \leqslant K_s$$

soit $[S^{2-}] \leqslant 1,4.10^{-13}$

Ce qui, d'après le 2°), est réalisé pour : $\boxed{pH \leqslant 5,15}$

* Pour ne pas faire précipiter l'hydroxyde de manganèse, on doit avoir :

$$[Mn^{2+}][OH^-]^2 \leq K''_s$$

$$[OH^-] \leq 2.10^{-6} \quad \text{soit} \quad [H^+_{aq}] \geq 5.10^{-9}$$

ou $\boxed{pH \leq 8,3}$

donc on doit se placer dans le domaine

$$\boxed{3,58 \leq pH \leq 5,15}$$

b) On reprend les valeurs numériques du a).

* Pour précipiter MnS, on doit donc avoir : $\boxed{pH \geq 4,05}$

* Pour ne pas précipiter Tl_2S, on doit donc avoir : $\boxed{pH \leq 3,58}$
donc on ne peut pas se placer à un tel pH.

c) Si on a tamponné à pH=6, on a : $\log[S^{2-}] = -11,16$
d'où $[S^{2-}] = 6,82.10^{-12}$ mol. ℓ^{-1}

comme $K'_s = [Tl^+]^2[S^{2-}] = 10^{-22}$
on a alors $[Tl^+] = 3,8.\ 10^{-6}$ mol.ℓ^{-1}.
ce qui représente un pourcentage de 0,38%
donc $\boxed{\text{99,62\% des ions Thallium sont précipités.}}$

Aubin Imprimeur
LIGUGÉ, POITIERS

Achevé d'imprimer en octobre 1987
N° d'impression L 25674
Dépôt légal octobre 1987 / Imprimé en France